"十三五"高等职业教育核心课程系列教材·机电大类

高速切削与多轴加工

主编 刘艳申

参编 王　颖　李华芳

西安交通大学出版社
XI'AN JIAOTONG UNIVERSITY PRESS

图书在版编目(CIP)数据

高速切削与多轴加工/刘艳申主编 . —西安:西
安交通大学出版社,2018.12(2022.1重印)
ISBN 978 - 7 - 5693 - 1001 - 6

Ⅰ.①高… Ⅱ.①刘… Ⅲ.①高速切削②数控机床-
加工 Ⅳ. ①TG506.1 ②TG659

中国版本图书馆 CIP 数据核字(2018)第 280975 号

书 名	高速切削与多轴加工	
主 编	刘艳申	
参 编	王 颖 李华芳	
责任编辑	杨 璠	

出版发行 西安交通大学出版社
　　　　　(西安市兴庆南路 1 号 邮政编码 710048)
网 址 http://www.xjtupress.com
电 话 (029)82668357 82667874(发行中心)
　　　　　(029)82668315(总编办)
传 真 (029)82668280
印 刷 西安日报社印务中心

开 本 787mm×1092mm 1/16 印张 11.75 字数 282 千字
版次印次 2019 年 8 月第 1 版 2022 年 1 月第 5 次印刷
书 号 ISBN 978 - 7 - 5693 - 1001 - 6
定 价 44.00 元

如发现印装质量问题,请与本社发行中心联系、调换。
订购热线:(029)82665248 (029)82665249
投稿热线:(029)82668804
电子邮箱:phone@qq.com

前　言

数控机床是制造业的"工作母机",而以五轴联动数控系统为代表的高性能数控系统则是机床装备的"大脑",是我国发展高端制造装备的基础,代表了国家制造业的核心竞争力。近年来,我国制造业面临产业升级及产业结构调整的压力,高端数控加工技术,特别是四轴、五轴联动数控加工技术迅猛发展,相应的技术人才日趋紧张。目前,普通高校及职业院校有关数控技术及数控加工的教学及实训课程中较少涉及五轴联动加工的内容,缺乏相应的教材。本书主编拥有加工中心操作工高级技师职业资格,编写组成员均有着丰富的五轴数控加工技术的实践经验及教学经验,多年从事相关的理论和实践教学。为解决现有机械大类学生有专业的五轴加工操作与编程技能训练学习教材,以德玛吉 DMU80 monoBLOCK 五轴镗铣加工中心为机床载体、UGNX 12.0 为编程软件载体,编写组成员将丰富的理论和实践经验用一些典型实例进行展示和说明,经过多次的探讨和修改完成了本套教材的开发与编写。

本书从高速与五轴联动加工技术应用的角度全面系统地介绍了与先进的高速与五轴联动加工技术相关的理论基础、数控系统、数控机床、CAM 编程技术。

全书共分三部分:第一部分结合海德汉 iTNC530 数控系统,以典型零件加工为载体,图文并茂地介绍了五轴加工技术的基础知识、DMU80 monoBLOCK 五轴镗铣加工中心编程与操作的基础知识,并以典型零件的多轴加工为例介绍了五轴加工的综合应用;第二部分的主要内容包括高速切削技术与五轴联动加工技术的特点及应用;第三部分从实际应用的角度出发,通过 8 个典型实例,深入浅出地介绍了利用 UGNX 12.0 完成典型零件从三轴加工到多轴联动加工的流程、方法和技巧。每个实例都包含了实例描述、零件工艺分析、加工方案的制定、合理规划刀路、选择合适的加工方法、刀轴的有效控制、加工坐标系按需变换、刀路后置处理等。每个实例的操作步骤都十分详细,读者只要按照书中的步骤练习,完全可以做出书中的刀路及数控程序,从而快速掌握利用 UG 软件完成五轴编程方法。

本书各项目选材案例,所提供的加工工艺及 CNC 程序,编者皆已在实际机床上调试和验证通过。本书在"智慧树"平台上有对应的在线开放课程学习资料(网址:http://coursehome.zhihuishu.com/courseHome/2027371♯teachTeam)。本书可作为高职高专院校机电大类相关专业学生的教材和教师的参考书,同时也适用于企业培训或供相关技术人员参考。

　　本书由陕西工业职业技术学院刘艳申副教授担任主编并负责统稿。刘艳申编写了第一部分、第三部分的 3.3 和 3.8,陕西工业职业技术学院王颖编写了第二部分、第三部分 3.7 和 3.9,陕西工业职业技术学院李华芳编写了第三部分 3.1、3.2、3.4、3.5、3.6。限于作者的水平和经验,书中难免存在一些疏漏,恳请读者批评指正。

目　录

第一部分　DMU80 mono 五轴镗铣加工中心编程及操作

1.1　DMU80 monoBLOCK 五轴镗铣加工中心认知

【学习目的】

目前,五轴加工已经是一个在企业广泛应用的技术,对应的五轴加工中心在很多大型军工企业和私人企业比比皆是,对于将来要从事这一行业的学习者来说要掌握好这门技术。学习过程从安全操作规程、所使用机床的技术参数和熟悉面板开始。

【学习任务】

(1)DMU80 monoBLOCK 五轴镗铣加工中心安全操作规程:通过操作规程让学习者知道操作机床过程中的安全问题。

(2)DMU80 monoBLOCK 五轴镗铣加工中心简介:让学习人员对该加工中心技术参数等有一个初步的认识。

(3)DMU80 monoBLOCK 五轴镗铣加工中心的操作面板与控制面板操作:让学习人员对机床面板主界面上所含的功能和分布有一个简单的了解。

【任务实施】

1.1.1　DMU80 monoBLOCK 五轴镗铣加工中心安全操作规程

(1)开机前,应当遵守以下操作规程:

①操作者使用机床时,要穿好劳动工作服,并扎紧袖口,扣好纽扣。禁止穿宽松外衣,留长发,以避免事故的发生。女同志要戴防护帽;高速铣削时要戴防护镜;操作时,严禁戴手套,以防将手卷入旋转刀具和工件之间。

②开动机床前检查各部分的安全防护装置、周围工作环境以及各气压、液压、液位,按照机床说明书要求加装润滑油、液压油、切削液,接通外接无水气源。检查油标、油量、油质及油路是否正常,保持润滑系统清洁,油箱、油眼不得敞开。

③检查各移动部件的限位开关是否起作用,在行程范围内是否畅通,是否有阻碍物,是否能保证机床在任何时候都具有良好的安全状况。真实填写好设备点检卡。

④操作者必须详细阅读机床的使用说明书,熟悉机床一般性能、结构,严禁超性能使用。在未熟悉机床操作前,切勿随意动机床,以免发生安全事故。

⑤操作前必须熟知每个按钮的作用以及操作注意事项。注意机床各个部位警示牌上所警

示的内容。机床周围的工具要摆放整齐,要便于拿放。加工前必须关上机床的防护门。

(2)在加工操作中,应当遵守以下操作规程:

①机床在运行五轴联动过程中断电或关机重新开启使用五轴联动功能时,RTCP功能必须重新开启。运行三轴加工程序时必须关闭RTCP功能。

②输入到机床的程序,必须严格经过病毒过滤,以免病毒程序给机床带来意外的伤害。

③机床编程操作人员必须全面了解机床性能,自觉阅读遵守机床的各种操作说明,确保机床无故障工作。

④机床严禁超负载工作,要依据刀具的类型和直径选择合理的切削参数。注意检查工件和刀具是否装夹正确、可靠;在刀具装夹完毕后,应当采用手动方式进行试切。

⑤操作者离开机床、变换速度、更换刀具、测量尺寸、调整工件时,都应停车。

⑥机床在执行自动循环时,操作者应站在操作面板前,以便观察机床运转情况,及时发现对话框中的提示、反馈以及报警信息。

⑦操作者必须严格按照机床操作步骤操作机床,未经操作者同意,其他人员不得私自开动。

⑧按动各按键时用力应适度,不得用力拍打键盘、按键和显示屏。

⑨工作台面不允许放置其他物品,安放分度头、虎钳或较重夹具时,要轻取轻放,以免碰伤台面。

⑩机床发生故障或不正常现象时,应立即停车检查、排除。

(3)工作结束后,应当遵守以下操作规程:

①做好机床清扫工作,保持清洁,认真执行交接班手续,填好交接班记录。发现问题要及时反映。

②要打扫干净工作场地,擦拭干净机床,应注意保持机床及控制设备的清洁。清洁机床时,应在主轴锥孔中插入无刀刀柄,防止灰尘飞入。工作台和防护间的碎屑和灰尘,最好用一些除尘装置来清理,但严禁使用易燃、有毒或有污染的设备;严禁使用压缩空气吹扫设备表面,严禁用冷却水冲洗机床,否则会降低机床寿命,甚至损害机床。对电机等电气件要经常打扫积尘,以免妨碍通风。

③工作完毕后,应使机床各部处于原始状态,并切断系统电源,关好门窗后才能离开。

④妥善保管机床附件,保持机床整洁、完好。

1.1.2 DMU80 monoBLOCK 五轴镗铣加工中心简介

1.DMU80 monoBLOCK 五轴镗铣加工中心技术参数

①行程:X=880 mm,Y=630 mm,Z=630 mm;

②电主轴,HSK63 刀柄;

③主轴转速 20~18000 rpm;

④主轴功率 35 kW/25 kW(40%/100%),扭矩 119 N·m/85 N·m(40%/100%);

⑤摆动主轴 B 轴,摆动范围 −120°/+30°,摆动速度 35 rpm,定位精度 P=9 arc s,Ps=6 arc s;

⑥工作台,回转 C 轴,C 轴回转工作台直径 700 mm,360°回转,最大承重 650 kg,工作台转

速 30 rpm,旋转精度 P=10 arc s,Ps=6 arc s;

⑦最大刀具长度 315 mm,最大刀具直径 130 mm,最大刀具重量 8 kg;

⑧最大可加工的工件尺寸:直径=950 mm,高度=780 mm;

⑨直线轴(X、Y、Z)快移速度:30 m/min;

⑩直线轴(X、Y、Z)最大进给速度:30 m/min;

⑪定位精度:Pmax=0.006 mm,重复定位精度:Ps max=0.004 mm;

⑫三维海德汉 iTNC530 控制系统,19 英寸 TFT 彩色显示器,带 SmartKey 智能钥匙,处理器 Pentium Ⅲ 或兼容,800 MHz /512 KB,硬盘 80 GB,具有电子手轮;

⑬具有红外测头,具有 3D 快速调整包以便快速恢复精度设置;

⑭具有 ATC 功能,即加工任务快速编程参数选择,可根据实际加工阶段需要在精度、表面质量和加工速度之间快速切换;

⑮32 刀位刀库;

⑯具有冷却喷枪;

⑰具有电压安全包;

⑱4 色信号灯。

2.操作台

显示器及操作面板如图 1-1 所示。

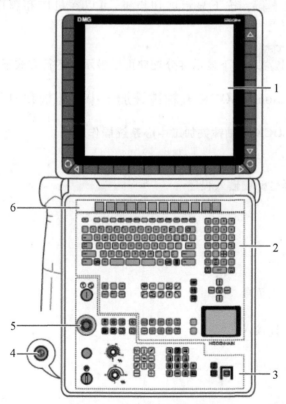

图 1-1 显示器及操作面板

1—显示屏;2—控制功能操作区;3—机床操作区域;4—认可按键;5—紧急停止;6—可自定义的软键

3.显示屏

显示屏如图 1-2 所示。

图 1-2　显示屏

1—功能键；2—显示屏切换键；3—显示屏分配键

（1）功能键 ◁ ▷。按下功能键栏的键，可以调用各子菜单的进一步功能键栏。

（2）显示屏切换键 ⟳。按下显示屏切换键，可以在机床和程序运行方式之间进行切换。

（3）显示屏分配键 ⟳。按下显示屏分配键可以显示各运行方式下的子菜单功能键栏。

1.1.3　DMU80 monoBLOCK 五轴镗铣加工中心面板和显示屏

1.DMU80 monoBLOCK 五轴镗铣加工中心系统操作区

（1）数字键区。

X … V　　　选择坐标或输入程序

O … 9　　　数字

·　　　小数点

-/+　　　改变正负号

P　　　极坐标输入

I　　　增量数值

Q　　　Q 参数

⊕　　　应用实际位置

NO ENT	转向对话和删除文字
ENT	结束输入和继续对话
END □	结束程序语句
CE	将数值输入复位或删除 TNC 出错信息
DEL □	中断对话,删除程序段

(2)程序/文件管理,TNC 功能。

PGM MGT	选择和删除程序/文件;外部数据传送
MOD	选择 MOD 功能
HELP	在 NC 故障讯息时显示帮助文本
CALC	显示计算器
ERR	删除所有现存的出错信息

(3)轨迹运动的编程。

APPR DEP	切入/切出轮廓
FK	FK 自由轮廓编程
L	直线
CC	定义圆心及极坐标数据的圆心
C	围绕圆心的圆形轨道
CR	圆形轨道
CT	带切向接口的圆形轨道
CHF	倒角
RND	倒圆角

(4)smarT.NC:导航键。

	smarT.NC:在表格中选择下一个光标
	smarT.NC:在前一个/下一个框中选择第一个输入域

（5）刀具的说明。

|TOOL DEF| 在程序中定义刀具参数

|TOOL CALL| 调用刀具参数

（6）循环、子程序和程序段。

|CYCL DEF| |CYCL CALL| 定义和调用循环

|LBL SET| |LBL CALL| 输入和调用子程序和程序段的重复循环

|STOP| 将程序暂停输入到程序中

|TOUCH PROBE| 设置探测循环

（7）特殊功能。

|SPEC FCT| 显示特殊功能

|PGM CALL| 定义程序调用。选择零点和点表

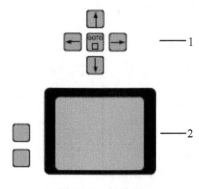

图 1-3　触摸板

1—移动光标和直接选择语句、循环和参数功能；

2—触摸板：用于操作软件和 smarT.NC

2.DMU80 monoBLOCK 五轴镗铣加工中心机床功能操作区

指示灯按键，接通机床

紧急停止

快移倍率

进给倍率

松开夹刀

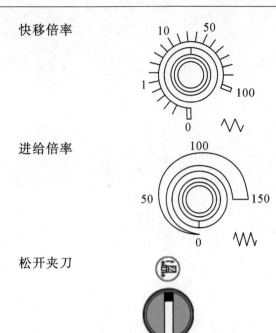

(1)机床运行方式。

手动运行

电子手轮

smarT.NC

MDI 方式

单句程序运行

自动运行方式

(2)编辑员运行方式。

编辑/储存程序

程序测试

(3)轴运动键:用于 X、Y、Z、B、C 轴的移动。

X 轴移动

Y 轴移动

Z 轴移动

B 轴移动

IV+ IV-	C 轴移动
Ⱳ	快速移动

（4）功能键。

⌀	放行刀夹具
☀	冷却润滑剂接通/关闭
◉	内部冷却液接通/关闭
↑	解锁加工间门
⚙	刀库右转
⚙	刀库左转
⊞	托盘放行（根据机床型号）
FCT	FCT 或 FCT A 屏幕切换
⬒	进给和主轴停止
◎	进给停止（只有当事先选中时，主轴才旋转）
Ⅰ	程序开始

（5）主轴键。

⇥	主轴接通，右转
⇤	主轴接通，左转
↓% 100% ↑%	主轴转速调节装置

3.DMU80 monoBLOCK 五轴镗铣加工中心机床确认键

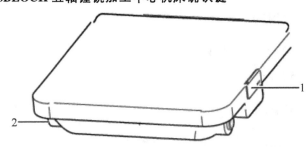

图 1-4　确认键及 SmartKey

1—SmartKey；2—确认键

4.DMU80 monoBLOCK 五轴镗铣加工中心机床显示屏上部

图 1-5　显示器侧边栏

1—显示窗口的导航;2—在右侧显示窗口中操作;3—标准操作;
4—操作界面的直接选择通过示教功能进行按键的占用

(1)显示窗口。

通过 ErgoLine© 机床控制面板左上方的三个键可以在两个显示窗口之间切换,并可以在窗口中选择不同的显示画面。

(2)显示画面的类型。

①SmartKey© 状态。

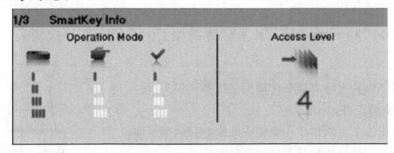

图 1-6　SmartKey© 状态

②主轴信息。

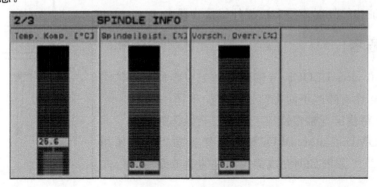

图 1-7　主轴信息

③问候画面。

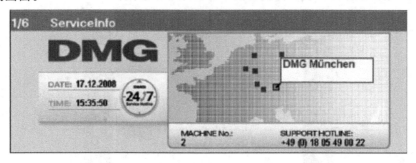

图 1-8　问候画面

5.DMU80 monoBLOCK 五轴镗铣加工中心机床运行方式选择开关 SmartKey©

(1)前提条件:电源分断装置已接通。

(2)数控系统已完全启动。

(3)已接通机床"开机"。

(4)放上 SmartKey©(也可先放上 SmartKey©再开机)。运行方式 1 已被固定为自动,并被定义为安全运行方式。

1.1.4　DMU80 monoBLOCK 五轴镗铣加工中心机床红外线测头

说明:

①带有锥形轴和光学测量值传输的三维测量探头(图 1-9 中的 2),用来测量工件;

②用于找正加工主轴轴线孔或轴头的中心和调整平面;

③用于加工主轴轴线相对工件棱边的定位。

测头的周围均匀地配置了发送二极管。在每个位置上发射器二极管保证连续发射信号到达红外线接收器。

【问题与思考】

(1)DMU80 monoBLOCK 五轴镗铣加工中心加工零件类型和三轴机床相比有哪些不同呢?

(2)查阅资料找出五轴镗铣加工中心安全操作规程。

(3)思考:DMU80 monoBLOCK 五轴镗铣加工中心所用的海德汉 iTNC530 系统如何完成简单零件的手工编程?

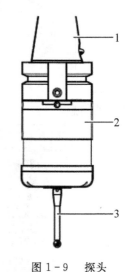

图 1-9　探头

1—夹紧锥体;2—测头;3—测头杆

1.2　DMU80 monoBLOCK 五轴镗铣加工中心轮廓编程

【学习目的】

新接触一个数控系统,不同的数控系统指令格式和编程语言有些差别较大,特别是海德汉 iTNC530 系统,跟以前所学的 FANUC 系统、华中数控系统等,编程的语言都不一样。为了将来能更好地应用海德汉 iTNC530 系统,本项目主要讲解最简单、最基本的海德汉 iTNC530 系统应用基本指令如何编程。

【学习任务】

在 DMU80 monoBLOCK 五轴镗铣加工中心上完成以下图形程序编制及模拟加工。需要用到海德汉 iTNC530 系统进行编程时,需要掌握程序格式、基本运动指令、坐标系定义、刀具选择,等等。

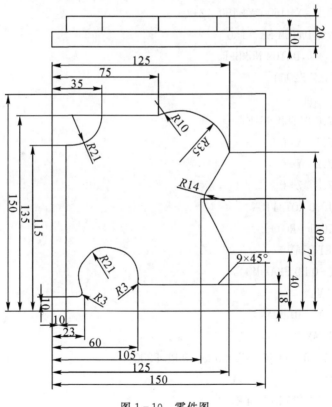

图 1-10　零件图

【任务实施】

1.2.1 海德汉 iTNC530 系统的轮廓编程工作步骤

(1)分析零件图 1－10,选择定位基准和加工方法,确定走刀路线选择刀具和装夹方法,确定切削用量参数;

(2)编制图形的数控加工程序;

(3)进行模拟加工;

(4)程序修改、优化;

(5)将正确模拟加工结果及程序进行保存。

1.2.2 基本编程指令的应用

1.编制加工程序

```
0   BEGIN PGM 1 MM
1   BLK FORM 0.1 Z   X+0    Y+0    Z－20
2   BLK FORM 0.2    X+150   Y+150   Z+0
3   CYCL DEF 247 DATUM SETTING ~
      Q339=＋1        ;DATUM NUMBER
4   TOOL CALL 5 Z S2000
5   M129
6   CYCL DEF 7.0 DATUM SHIFT
7   CYCL DEF 7.1    X+0
8   CYCL DEF 7.2    Y+0
9   CYCL DEF 7.3    Z+0
10  CYCL DEF 10.0 ROTATION
11  CYCL DEF 10.1    ROT+0
12  PLANE RESET STAY
13  L    B+0    C+0 R0 FMAX M3
14  L    Z+100 FMAX
15  L    X－10    Y－10 FMAX
16  L    Z－10 FMAX
17  APPR CT    X+10    Y+10    CCA90 R+10 RL F200
18  L    Y+115
19  CR    X+35    Y+135 R+21 DR+
20  L    X+75
21  RND R10
22  CR    X+125    Y+109 R+35 DR－
23  L    X+105    Y+77
```

24 RND R14

25 L　X+ 125　Y+ 40

26 L　Y+ 18

27 CHF 9

28 L　X+ 60

29 RND R3

30 CR　X+ 23　Y+ 10 R – 21 DR+

31 RND R3

32 L　X+ 10

33 DEP LCT　X – 10　Y – 10 R10

34 L　Z+ 100 R0 FMAX

35 M30

36 END PGM 1 MM

2.模拟加工结果

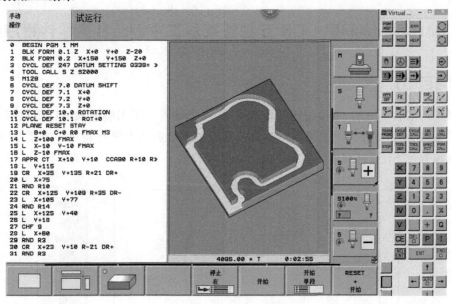

图 1－11　模拟加工结果

【问题与思考】

(1)对比所学过的 FANUC 系统轮廓编程,找找海德汉 iTNC530 系统进行轮廓编程的优缺点。

(2)程序中定义的毛坯大小会不会影响最终零件的加工结果?

(3)完成图 1－12 的中心轮廓程序编程。

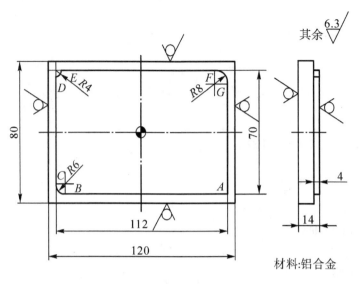

图 1-12　编程练习任务

1.3　DMU80 monoBLOCK 五轴镗铣加工中心凸台类零件程序编制

【学习目的】

在平时的编程练习中,平面编程是最基本的,这类零件用手工编程就可以很快解决问题,海德汉 iTNC530 系统针对平面类零件有自己独特的编程方式和循环指令。本项目主要讲解自由轮廓编程和 SL 循环在平面类零件之凸台类零件的手工编程中的应用。

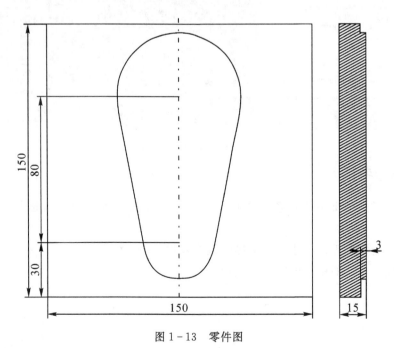

图 1-13　零件图

【学习任务】

在 DMU80 monoBLOCK 五轴镗铣加工中心上完成图 1-13 所示图形程序编制及模拟加工。过程中主要用到海德汉 iTNC530 系统中可以实现用标注的方式确定的参数来让数控系统计算这些难计算的线与线的交点坐标、平面不规则图形编程使用的循环指令。

【任务实施】

1.3.1　海德汉 iTNC530 系统的凸台零件编程工作步骤

(1)分析零件图,选择定位基准和加工方法,确定走刀路线选择刀具和装夹方法,确定切削用量参数;

(2)编制图形的数控加工程序;

(3)进行模拟加工;

(4)程序修改、优化;

(5)将正确模拟加工结果及程序进行保存。

1.3.2　SL 循环及自由轮廓编程在凸台类零件上的应用

1.编制加工程序

```
0   BEGIN PGM test1 MM
1   BLK FORM 0.1 Z   X+0   Y+0   Z-15
2   BLK FORM 0.2   X+150   Y+150   Z+0
3   CYCL DEF 247 DATUM SETTING ~
        Q339=+10    ;DATUM NUMBER
4   TOOL CALL 1 Z S2000
5   M129
6   CYCL DEF 7.0 DATUM SHIFT
7   CYCL DEF 7.1   X+0
8   CYCL DEF 7.2   Y+0
9   CYCL DEF 7.3   Z+0
10  CYCL DEF 10.0 ROTATION
11  CYCL DEF 10.1   ROT+0
12  PLANE RESET STAY
13  L   C+0   B+0 R0 FMAX M3
14  CYCL DEF 14.0 CONTOUR GEOMETRY
15  CYCL DEF 14.1 CONTOUR LABEL1 /2
16  CYCL DEF 20 CONTOUR DATA ~
        Q1=-10    ;MILLING DEPTH ~
        Q2=+1     ;TOOL PATH OVERLAP ~
        Q3=+0.3   ;ALLOWANCE FOR SIDE ~
        Q4=+0.3   ;ALLOWANCE FOR FLOOR ~
```

```
        Q5=+0        ;SURFACE COORDINATE ~
        Q6=+2        ;SET - UP CLEARANCE ~
        Q7=+50       ;CLEARANCE HEIGHT ~
        Q8=+1        ;ROUNDING RADIUS ~
        Q9=+1        ;ROTATIONAL DIRECTION
17   TOOL CALL 5 Z S2000
18   CYCL DEF 21 PILOT DRILLING ~
        Q10=-3       ;PLUNGING DEPTH ~
        Q11=+150     ;FEED RATE FOR PLNGNG ~
        Q13=+0       ;ROUGH - OUT TOOL
19   M99
20   TOOL CALL 4 Z S1000
21   CYCL DEF22 ROUGH - OUT ~
        Q10=-3       ;PLUNGING DEPTH ~
        Q11=+150     ;FEED RATE FOR PLNGNG ~
        Q12=+500     ;FEED RATE F. ROUGHNG ~
        Q18=+0       ;COARSE ROUGHING TOOL ~
        Q19=+0       ;FEED RATE FOR RECIP. ~
        Q208=+2000 ;RETRACTION FEED RATE ~
        Q401=+100    ;FEED RATE FACTOR ~
        Q404=+0      ;FINE ROUGH STRATEGY
22   CYCL CALL M3
23   TOOL CALL 3 Z S1000
24   CYCL DEF 22 ROUGH - OUT ~
        Q10=-3       ;PLUNGING DEPTH ~
        Q11=+150     ;FEED RATE FOR PLNGNG ~
        Q12=+500     ;FEED RATE F. ROUGHNG ~
        Q18=+4       ;COARSE ROUGHING TOOL ~
        Q19=+0       ;FEED RATE FOR RECIP. ~
        Q208=+99999 ;RETRACTION FEED RATE ~
        Q401=+100    ;FEED RATE FACTOR ~
        Q404=+0      ;FINE ROUGH STRATEGY
25   M99
26   CYCL DEF 23 FLOOR FINISHING ~
        Q11=+150     ;FEED RATE FOR PLNGNG ~
        Q12=+500     ;FEED RATE F. ROUGHNG ~
        Q208=+99999 ;RETRACTION FEED RATE
27   M99
28   CYCL DEF 24 SIDE FINISHING ~
        Q9=+1        ;ROTATIONAL DIRECTION ~
```

```
        Q10=-3        ;PLUNGING DEPTH ~
        Q11=+150      ;FEED RATE FOR PLNGNG ~
        Q12=+500      ;FEED RATE F. ROUGHNG ~
        Q14=+0        ;ALLOWANCE FOR SIDE
29  M99
30  M30
31  LBL 1
32  L   X+75   Y+145 RR
33  FC R35   CCX+75   CCY+110 DR+
34  FLT
35  FCTR20 DR+   CCX+75   CCY+30
36  FLT
37  FCT DR+R35   CCX+75   CCY+110   X+75   Y+145
38  LBL 0
39  LBL 2
40  L   X-10   Y-10 RL
41  L   X+160
42  L   Y+160
43  L   X-10
44  L   Y-10
45  LBL 0
46  END PGM test1 MM
```

2.模拟加工结果

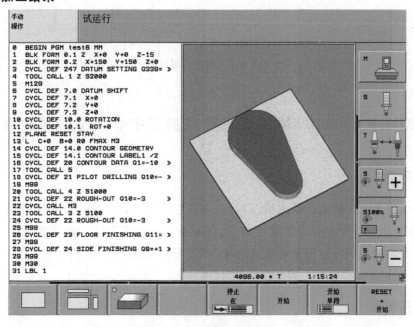

图 1-14   模拟加工结果

【问题与思考】

(1)自由轮廓编程的优点是什么？

(2)一个完整的 SL 循环都包含哪些内容？

(3)凸台零件轮廓距离毛坯边界太近会造成所用刀具切削时切削不完全,如何避免这个问题呢？

(4)应用本次课程所学知识完成以下图形的程序编制。

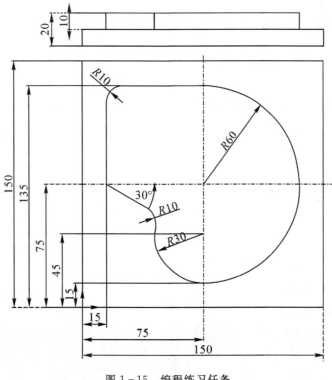

图 1-15 编程练习任务

1.4 DMU80 monoBLOCK 五轴镗铣加工中心凹槽类零件程序编制

【学习目的】

上一个项目主要讲解自由轮廓编程和 SL 循环在平面类零件之凸台类零件的手工编程中的应用;本项目主要讲解自由轮廓编程和 SL 循环在平面类零件之凹槽类零件的手工编程中的应用。学会之后我们可以根据需要灵活地应用,完成较复杂(包含凸台和型腔)零件的手工编程。

【学习任务】

在 DMU80 monoBLOCK 五轴镗铣加工中心上完成以下图形程序编制及模拟加工。过程中主要用到海德汉 iTNC530 系统中可以实现用标注的方式确定的参数来让数控系统计算这些难计算的线与线的交点坐标、平面不规则图形编程使用的循环指令。和上一次任务中不同的主要关注点为轮廓的数量和下刀方式。

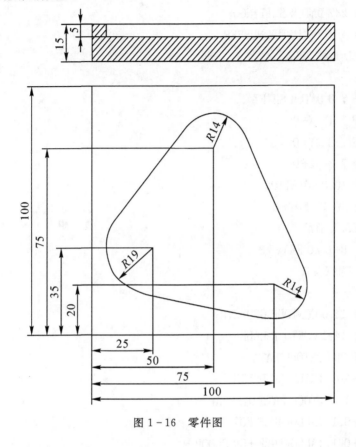

图 1-16　零件图

【任务实施】

1.4.1　海德汉 iTNC530 系统的凹槽零件编程工作步骤

(1)分析零件图,选择定位基准和加工方法,确定走刀路线选择刀具和装夹方法,确定切削用量参数;

(2)编制图形的数控加工程序;

(3)进行模拟加工;

(4)程序修改、优化;

(5)将正确模拟加工结果及程序进行保存。

1.4.2　SL 循环及自由轮廓编程在凹槽零件上的应用

1.编制加工程序

0　BEGIN PGM test2MM

```
 1  BLK FORM 0.1 Z  X+0  Y+0  Z-50
 2  BLK FORM 0.2  X+100  Y+100  Z+0
 3  M129
 4  CYCL DEF 247 DATUM SETTING ~
        Q339=+10    ;DATUM NUMBER
 5  TOOL CALL 1 Z S2000
 6  LBL 2
 7  CYCL DEF 7.0 DATUM SHIFT
 8  CYCL DEF 7.1  X+0
 9  CYCL DEF 7.2  Y+0
10  CYCL DEF 7.3  Z+0
11  CYCL DEF 10.0 ROTATION
12  CYCL DEF 10.1  ROT+0
13  PLANE RESET STAY
14  L  C+0  B+0 R0 FMAX M3
15  L  Z-1 FMAX M91
16  LBL 0
17  CYCL DEF 14.0 CONTOUR GEOMETRY
18  CYCL DEF 14.1 CONTOUR LABEL1
19  CYCL DEF 20 CONTOUR DATA ~
          Q1=-20   ;MILLING DEPTH ~
          Q2=+1    ;TOOL PATH OVERLAP ~
          Q3=+0.1 ;ALLOWANCE FOR SIDE ~
          Q4=+0.1 ;ALLOWANCE FOR FLOOR ~
          Q5=+0    ;SURFACE COORDINATE ~
          Q6=+2    ;SET-UP CLEARANCE ~
          Q7=+50   ;CLEARANCE HEIGHT ~
          Q8=+0    ;ROUNDING RADIUS ~
          Q9=+1    ;ROTATIONAL DIRECTION
20  CYCL DEF 21 PILOT DRILLING ~
          Q10=-5     ;PLUNGING DEPTH ~
          Q11=+150   ;FEED RATE FOR PLNGNG ~
          Q13=+0     ;ROUGH-OUT TOOL
21  M99
22  CYCL DEF 22 ROUGH-OUT ~
          Q10=-5        ;PLUNGING DEPTH ~
          Q11=+150      ;FEED RATE FOR PLNGNG ~
          Q12=+500      ;FEED RATE F. ROUGHNG ~
```

```
        Q18=+0          ;COARSE ROUGHING TOOL ~
        Q19=+100        ;FEED RATE FOR RECIP. ~
        Q208=+99999     ;RETRACTION FEED RATE ~
        Q401=+100       ;FEED RATE FACTOR ~
        Q404=+0         ;FINE ROUGH STRATEGY
23  CYCL CALL M3
24  TOOL CALL 3 Z S2000
25  CYCL DEF 22 ROUGH - OUT ~
        Q10=-5          ;PLUNGING DEPTH ~
        Q11=+150        ;FEED RATE FOR PLNGNG ~
        Q12=+500        ;FEED RATE F. ROUGHNG ~
        Q18=+1          ;COARSE ROUGHING TOOL ~
        Q19=+0          ;FEED RATE FOR RECIP. ~
        Q208=+99999     ;RETRACTION FEED RATE ~
        Q401=+100       ;FEED RATE FACTOR ~
        Q404=+0         ;FINE ROUGH STRATEGY
26  M99
27  CYCL DEF 23 FLOOR FINISHING ~
        Q11=+150        ;FEED RATE FOR PLNGNG ~
        Q12=+500        ;FEED RATE F. ROUGHNG ~
        Q208=+99999     ;RETRACTION FEED RATE
28  M99
29  CYCL DEF 24 SIDE FINISHING ~
        Q9=+1           ;ROTATIONAL DIRECTION ~
        Q10=-5          ;PLUNGING DEPTH ~
        Q11=+150        ;FEED RATE FOR PLNGNG ~
        Q12=+500        ;FEED RATE F. ROUGHNG ~
        Q14=+0          ;ALLOWANCE FOR SIDE
30  M99
31  M30
32  LBL 1
33  L   X+50   Y+89 RL
34  FC R14   CCX+50   CCY+75 DR+
35  FLT
36  FCT R19   CCX+25   CCY+35 DR+
37  FLT
38  FCT R14 DR+   CCX+75   CCY+20
39  FLT
```

40 FCT R14   CCX+50   CCY+75   X+50   Y+89 DR+

41 LBL 0

42 END PGM test2 MM

2.模拟加工结果

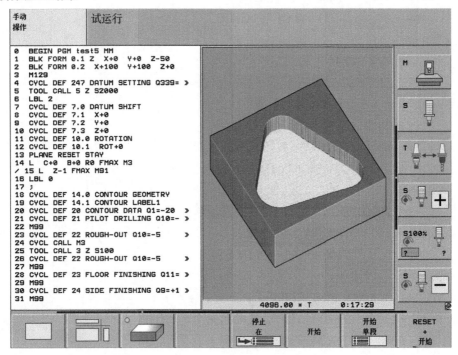

```
0   BEGIN PGM test5 MM
1   BLK FORM 0.1 Z  X+0   Y+0   Z-50
2   BLK FORM 0.2 X+100  Y+100  Z+0
3   M129
4   CYCL DEF 247 DATUM SETTING Q339= >
5   TOOL CALL 5 Z S2000
6   LBL 2
7   CYCL DEF 7.0 DATUM SHIFT
8   CYCL DEF 7.1   X+0
9   CYCL DEF 7.2   Y+0
10  CYCL DEF 7.3   Z+0
11  CYCL DEF 10.0 ROTATION
12  CYCL DEF 10.1  ROT+0
13  PLANE RESET STAY
14  L  C+0  B+0 R0 FMAX M3
/ 15  L   Z-1 FMAX M91
16  LBL 0
17  ;
18  CYCL DEF 14.0 CONTOUR GEOMETRY
19  CYCL DEF 14.1 CONTOUR LABEL1
20  CYCL DEF 20 CONTOUR DATA Q1=-20  >
21  CYCL DEF 21 PILOT DRILLING Q10=- >
22  M99
23  CYCL DEF 22 ROUGH-OUT Q10=-5     >
24  CYCL CALL M3
25  TOOL CALL 3 Z S100
26  CYCL DEF 22 ROUGH-OUT Q10=-5     >
27  M99
28  CYCL DEF 23 FLOOR FINISHING Q11= >
29  M99
30  CYCL DEF 24 SIDE FINISHING Q9=+1 >
31  M99
```

4096.00 ＊ T   0:17:29

图 1-17   模拟加工结果

【问题与思考】

(1)有哪些方式可以实现刀具从工件内部下刀?

(2)SL 循环侧面精加工时会产生接刀痕,可以采用什么方式来避免呢?

(3)应用本次课程所学知识完成以下图形的程序编制。

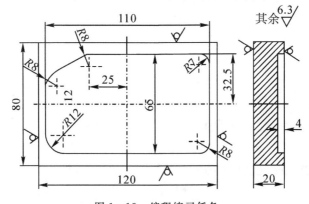

图 1-18   编程练习任务

1.5 DMU80 monoBLOCK 五轴镗铣加工中心简化编程零件程序编制

【学习目的】

在平时的编程练习中,我们会遇到一些零件中包含有相同的或者不同比例的特征,还有部分特征点的坐标值在当前坐标系中计算比较困难等,针对这类问题在编程的过程中海德汉iTNC530系统提供了供我们使用的简化编程指令。本项目主要讲解坐标系平移、坐标系旋转等坐标变换指令。

【学习任务】

在 DMU80 monoBLOCK 五轴镗铣加工中心上完成以下图形程序编制及模拟加工。该图形会用到坐标系平移指令和坐标系旋转指令,为了减少学习过程中出错的概率,应用这两个指令的时候尽可能在原工件坐标系的基础上对坐标系进行平移和旋转。对坐标系平移和旋转的目的是为了便于坐标值的计算和简化编程。

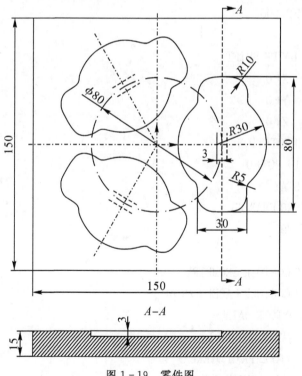

图 1-19 零件图

【任务实施】

1.5.1　简化编程功能的作用

随着数控技术的发展,现代的数控系统为我们提供了越来越丰富的辅助编程功能。充分理解、灵活运用这些功能,可以大大简化程序编制工作量,降低出错概率,提高编程效率,减少程序的占用空间。同时,由于缩短了准备时间,也提高了数控机床的利用率和产品生产率。

1.5.2　海德汉 iTNC530 系统简化编程功能的应用

1.编制加工程序

```
0   BEGIN PGM test3 MM
1   BLK FORM 0.1 Z   X-75   Y-75   Z-15
2   BLK FORM 0.2   X+75   Y+75   Z+0
3   M129
4   CYCL DEF 247 DATUM SETTING ~
        Q339=+10     ;DATUM NUMBER
5   TOOL CALL 3 Z S2000
6   LBL 1
7   CYCL DEF 7.0 DATUM SHIFT
8   CYCL DEF 7.1   X+0
9   CYCL DEF 7.2   Y+0
10 CYCL DEF 7.3   Z+0
11 CYCL DEF 10.0 ROTATION
12 CYCL DEF 10.1   ROT+0
13 PLANE RESET STAY
14 L   C+0   B+0 R0 FMAX M3
15 L   Z-1 FMAX M91
16 LBL 0
17 CYCL DEF 14.0 CONTOUR GEOMETRY
18 CYCL DEF 14.1 CONTOUR LABEL2 /3 /4
19 CYCL DEF 20 CONTOUR DATA ~
        Q1=-3     ;MILLING DEPTH ~
        Q2=+1     ;TOOL PATH OVERLAP ~
        Q3=+0.3 ;ALLOWANCE FOR SIDE ~
        Q4=+0.3 ;ALLOWANCE FOR FLOOR ~
        Q5=+0     ;SURFACE COORDINATE ~
        Q6=+2     ;SET-UP CLEARANCE ~
        Q7=+50   ;CLEARANCE HEIGHT ~
```

```
        Q8=+0      ;ROUNDING RADIUS ~
        Q9=+1      ;ROTATIONAL DIRECTION
20   TOOL CALL 1 Z S1000
21   CYCL DEF 21 PILOT DRILLING ~
        Q10=-3     ;PLUNGING DEPTH ~
        Q11=+150   ;FEED RATE FOR PLNGNG ~
        Q13=+0     ;ROUGH-OUT TOOL
22   M99
23   TOOL CALL 3 Z S2000
24   CYCL DEF 22 ROUGH-OUT ~
        Q10=-3     ;PLUNGING DEPTH ~
        Q11=+150   ;FEED RATE FOR PLNGNG ~
        Q12=+500   ;FEED RATE F. ROUGHNG ~
        Q18=+0     ;COARSE ROUGHING TOOL ~
        Q19=+0     ;FEED RATE FOR RECIP. ~
        Q208=+99999;RETRACTION FEED RATE ~
        Q401=+100  ;FEED RATE FACTOR ~
        Q404=+0    ;FINE ROUGH STRATEGY
25   M99
26   CYCL DEF 23 FLOOR FINISHING ~
        Q11=+150    ;FEED RATE FOR PLNGNG ~
        Q12=+500    ;FEED RATE F. ROUGHNG ~
        Q208=+99999 ;RETRACTION FEED RATE
27   M99
28   CYCL DEF 24 SIDE FINISHING ~
        Q9=+1      ;ROTATIONAL DIRECTION ~
        Q10=-3     ;PLUNGING DEPTH ~
        Q11=+150   ;FEED RATE FOR PLNGNG ~
        Q12=+500   ;FEED RATE F. ROUGHNG ~
        Q14=+0     ;ALLOWANCE FOR SIDE
29   M99
30   M30
31   LBL 2
32   CYCL DEF 7.0 DATUM SHIFT
33   CYCL DEF 7.1  X+40
34   L   X+0  Y+40 RL
35   FL  Y+40  AN+180
36   FCT DR+   X-15 R10
```

```
37    FLT   X－15    AN－90
38    FCT DR－R5
39    FCTR30 DR+   CCX+3   CCY+0
40    FSELECT2
41    FCT R5 DR－
42    FLT   X－15    AN－90
43    FCTR10 DR+    Y－40
44    FLT LEN10   AN+0
45    FSELECT1
46    FCT DR+R10    X+15
47    FLT   X+15    AN+90
48    FCT DR－R5
49    FCT DR+ R30   CCX－3   CCY+0
50    FSELECT2
51    FCT R5 DR－
52    FLT   AN+90    X+15
53    FCT R10   Y+40 DR+
54    FLT   X+0   Y+40   AN+180
55    FSELECT1
56    CYCL DEF 7.0 DATUM SHIFT
57    CYCL DEF 7.1   X+0
58    CYCL DEF 7.2   Y+0
59    CYCL DEF 7.3   Z+0
60    LBL 0
61    LBL 3
62    CYCL DEF 10.0 ROTATION
63    CYCL DEF 10.1   ROT+120
64    CALL LBL 2
65    LBL 0
66    LBL 4
67    CYCL DEF 10.0 ROTATION
68    CYCL DEF 10.1 IROT+120
69    CALL LBL 2
70    CYCL DEF 10.0 ROTATION
71    CYCL DEF 10.1   ROT+0
72    LBL 0
73    END PGM test3 MM
```

2.模拟加工结果

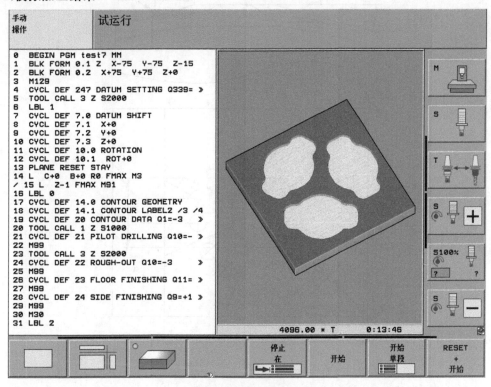

图 1-20 模拟加工结果

【问题与思考】

(1)能不能用"循环定义"—"图案"中的"圆形阵列"来完成本次实训任务呢? 试着做做看会是什么结果。

(2)坐标变换都包含哪些内容呢? 它们有什么作用?

1.6 DMU80 monoBLOCK 五轴镗铣加工中心五轴定轴铣程序编制

【学习目的】

在平时的编程练习中,会遇到一些平面的法向与工件坐标系的 Z 轴有一定角度的情况,这类零件用前面所学的知识就不够了,这就需要通过改变刀轴的方向来适应被加工工件。还有在零件上也不简简单单地只有凸台和型腔,还包含各种孔和各类键槽。本项目主要讲解倾斜面加工功能、孔加工循环和键槽加工循环。

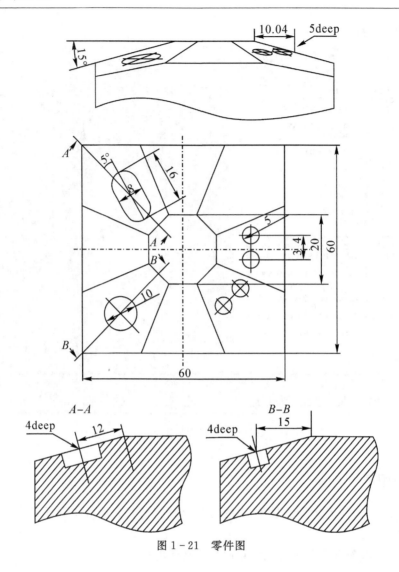

图 1-21　零件图

【学习任务】

在 DMU80 mono BLOCK 五轴镗铣加工中心上完成下列图形程序编制及模拟加工。五轴定向加工指令 PLANE SPATIAL 在系统中有多种表述形式,我们主要学习的是最直观的通过角度的改变来实现五轴定向加工的方式。要重点关注的是,需要改变刀轴的时候,首先考虑旋转角度,一定要先旋转 C 轴,再旋转 A 轴或者 B 轴。

【任务实施】

1.6.1　五轴定轴铣加工的定义

五轴定轴铣即在五轴机床上让两个旋转轴按照要求旋转一定角度,让主轴的旋转中心线与被切削区域成一定角度,在切削过程中,主轴中心线方向保持旋转轴旋转后的状态,进行三轴铣削加工的方式。

1.6.2　DMU80 monoBLOCK 五轴镗铣加工中心五轴定轴铣的应用

1.编制加工程序

```
0   BEGIN PGM test4 MM
1   BLK FORM 0.1 Z   X－30   Y－30   Z－50
2   BLK FORM 0.2   X＋30   Y＋30   Z＋0
3   CYCL DEF 247 DATUM SETTING ~
        Q339=＋10   ；DATUM NUMBER
4   TOOL CALL 1 Z S3000
5   LBL 100
6   CYCL DEF 7.0 DATUM SHIFT
7   CYCL DEF 7.1   X＋0
8   CYCL DEF 7.2   Y＋0
9   CYCL DEF 7.3   Z＋0
10  CYCL DEF 10.0 ROTATION
11  CYCL DEF 10.1   ROT＋0
12  PLANE RESET STAY
13  LBL 0
14  L   C＋0   B＋0 R0 FMAX M3
15  L   Z－1 FMAX M91
16  L   Z＋200 FMAX
17  CYCL DEF 7.0 DATUM SHIFT
18  CYCL DEF 7.1   Y＋10
19  PLANE SPATIAL SPA－15 SPB＋0 SPC＋0 TURN MB50 FMAX SEQ－TABLE ROT
20  CYCL DEF 232 FACE MILLING ~
        Q389=＋0     ；STRATEGY ~
        Q225=－30    ；STARTNG PNT 1ST AXIS ~
        Q226=＋0     ；STARTNG PNT 2ND AXIS ~
        Q227=＋5.5   ；STARTNG PNT 3RD AXIS ~
        Q386=＋0     ；END POINT 3RD AXIS ~
        Q218=＋60    ；FIRST SIDE LENGTH ~
        Q219=＋25    ；2ND SIDE LENGTH ~
        Q202=＋5     ；MAX. PLUNGING DEPTH ~
        Q369=＋0     ；ALLOWANCE FOR FLOOR ~
        Q370=＋1     ；MAX. OVERLAP ~
        Q207=＋5000  ；FEED RATE FOR MILLNG ~
        Q385=＋5000  ；FINISHING FEED RATE ~
        Q253=＋750   ；F PRE－POSITIONING ~
```

```
          Q200=+2        ; SET – UP CLEARANCE ~
          Q357=+2        ; CLEARANCE TO SIDE ~
          Q204=+50       ; 2ND SET – UP CLEARANCE
21   M99
22   CALL LBL 100
23   L   Z+ 200 FMAX
24   CYCL DEF 7.0 DATUM SHIFT
25   CYCL DEF 7.1   X – 10
26   PLANE SPATIAL SPA – 15 SPB+ 0 SPC+ 90 TURN MB50 FMAX SEQ – TABLE ROT
27   M99
28   CALL LBL 100
29   L   Z+ 200 FMAX
30   CYCL DEF 7.0 DATUM SHIFT
31   CYCL DEF 7.1   Y – 10
32   PLANE SPATIAL SPA – 15 SPB+ 0 SPC+ 180 TURN MB50 FMAX SEQ – TABLE ROT
33   M99
34   CALL LBL 100
35   L   Z+ 200 FMAX
36   CYCL DEF 7.0 DATUM SHIFT
37   CYCL DEF 7.1   X+ 10
38   PLANE SPATIAL SPA – 15 SPB+ 0 SPC+ 270 TURN MB50 FMAX SEQ – TABLE ROT
39   M99
40   CALL LBL 100
41   L   Z+ 200 FMAX
42   Q1= 10 *  SIN 45
43   CYCL DEF 7.0 DATUM SHIFT
44   CYCL DEF 7.1   X+ Q1
45   CYCL DEF 7.2   Y+ Q1
46   PLANE SPATIAL SPA – 15 SPB+ 0 SPC – 45 TURN MB50 FMAX SEQ – TABLE ROT
47   CYCL DEF 232 FACE MILLING ~
          Q389=+0        ; STRATEGY ~
          Q225=– 15      ; STARTNG PNT 1ST AXIS ~
          Q226=+0        ; STARTNG PNT 2ND AXIS ~
          Q227=+5        ; STARTNG PNT 3RD AXIS ~
          Q386=+0        ; END POINT 3RD AXIS ~
          Q218=+ 30      ; FIRST SIDE LENGTH ~
          Q219=+ 35      ; 2ND SIDE LENGTH ~
          Q202=+ 5       ; MAX. PLUNGING DEPTH ~
```

```
              Q369=+0        ;ALLOWANCE FOR FLOOR ~
              Q370=+1        ;MAX. OVERLAP ~
              Q207=+5000     ;FEED RATE FOR MILLNG ~
              Q385=+5000     ;FINISHING FEED RATE ~
              Q253=+750      ;F PRE-POSITIONING ~
              Q200=+2        ;SET-UP CLEARANCE ~
              Q357=+2        ;CLEARANCE TO SIDE ~
              Q204=+50       ;2ND SET-UP CLEARANCE
48   M99
49   CALL LBL 100
50   CYCL DEF 7.0 DATUM SHIFT
51   CYCL DEF 7.1   X-Q1
52   CYCL DEF 7.2   Y+Q1
53   PLANE SPATIAL SPA-15 SPB+0 SPC+45 TURN MB50 FMAX SEQ-TABLE ROT
54   M99
55   CALL LBL 100
56   CYCL DEF 7.0 DATUM SHIFT
57   CYCL DEF 7.1   X-Q1
58   CYCL DEF 7.2   Y-Q1
59   PLANE SPATIAL SPA-15 SPB+0 SPC+135 TURN MB50 FMAX SEQ-TABLE ROT
60   M99
61   CALL LBL 100
62   CYCL DEF 7.0 DATUM SHIFT
63   CYCL DEF 7.1   X+Q1
64   CYCL DEF 7.2   Y-Q1
65   PLANE SPATIAL SPA-15 SPB+0 SPC+225 TURN MB50 FMAX SEQ-TABLE ROT
66   M99
67   CALL LBL 100
68   TOOL CALL 2 Z S1000
69   CYCL DEF 7.0 DATUM SHIFT
70   CYCL DEF 7.1   X+10
71   PLANE SPATIAL SPA+0 SPB+15 SPC+0 TURN MB50 FMAX SEQ-TABLE ROT
72   Q2=10 /COS 15
73   CYCL DEF 200 DRILLING ~
              Q200=+2        ;SET-UP CLEARANCE ~
              Q201=-4        ;DEPTH ~
              Q206=+150      ;FEED RATE FOR PLNGNG ~
              Q202=+5        ;PLUNGING DEPTH ~
```

```
        Q210=+0       ;DWELL TIME AT TOP ~
        Q203=+0       ;SURFACE COORDINATE ~
        Q204=+50      ;2ND SET - UP CLEARANCE ~
        Q211=+0       ;DWELL TIME AT DEPTH
74  CYCL CALL POS    X+Q2   Y+4   Z+0 FMAX M3
75  CYCL CALL POS    X+Q2   Y-3   Z+0 FMAX
76  CALL LBL 100
77  CYCL DEF 7.0 DATUM SHIFT
78  CYCL DEF 7.1   X+Q1
79  CYCL DEF 7.2   Y-Q1
80  PLANE SPATIAL SPA+0 SPB+15 SPC-45 TURN MB50 FMAX SEQ-TABLE ROT
81  CYCL CALL POS    X+Q2   Y+4   Z+0 FMAX M3
82  CYCL CALL POS    Y-3   X+Q2   Z+0 FMAX
83  CALL LBL 100
84  TOOL CALL 3 Z S1000
85  CYCL DEF 7.0 DATUM SHIFT
86  CYCL DEF 7.1   X-Q1
87  CYCL DEF 7.2   Y-Q1
88  PLANE SPATIAL SPA+ 0 SPB+15 SPC-135 TURN MB50 FMAX SEQ-TABLE ROT
89  CYCL CALL POS    X+12   Y+0   Z+0 FMAX
90  CALL LBL 100
91  TOOL CALL 4 Z S800
92  CYCL DEF 7.0 DATUM SHIFT
93  CYCL DEF 7.1   X-Q1
94  CYCL DEF 7.2   Y+Q1
95  PLANE SPATIAL SPA+0 SPB+15 SPC-225 TURN MB50 FMAX SEQ-TABLE ROT
96  CYCL DEF 253 SLOT MILLING ~
        Q215=+0       ;MACHINING OPERATION ~
        Q218=+16      ;SLOT LENGTH ~
        Q219=+8       ;SLOT WIDTH ~
        Q368=+0.2     ;ALLOWANCE FOR SIDE ~
        Q374=-5       ;ANGLE OF ROTATION ~
        Q367=+0       ;SLOT POSITION ~
        Q207=+500     ;FEED RATE FOR MILLNG ~
        Q351=+1       ;CLIMB OR UP - CUT ~
        Q201=-4       ;DEPTH ~
        Q202=+5       ;PLUNGING DEPTH ~
        Q369=+0       ;ALLOWANCE FOR FLOOR ~
```

Q206=+150　　;FEED RATE FOR PLNGNG ~

Q338=+0　　　;INFEED FOR FINISHING ~

Q200=+2　　　;SET – UP CLEARANCE ~

Q203=+0　　　;SURFACE COORDINATE ~

Q204=+50　　 ;2ND SET – UP CLEARANCE ~

Q366=+1　　　;PLUNGE ~

Q385=+500　　;FINISHING FEED RATE

```
97  CYCL CALL POS  X+ 12   Y+ 0   Z+ 0
98  CALL LBL 100
99  END PGM test4 MM
```

2. 模拟加工结果

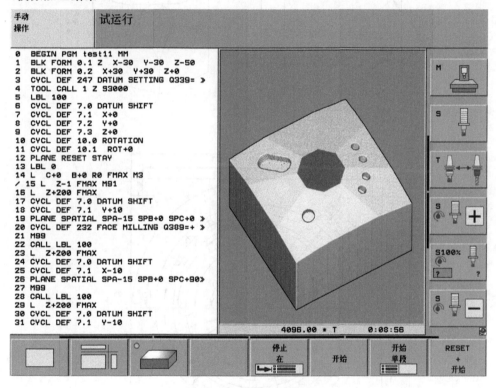

图 1 - 22　模拟加工结果

【问题与思考】

(1) 本学习任务中进行定向加工编程前为什么要先进行坐标平移呢？

(2) 为什么编程时将加工位置都定向到 Y 正方向或者 Y 负方向？

(3) 为什么倾斜面加工设定参数时要将 SEQ 设定为 "–"？MB50 是什么意思？

(4) 应用本次课程所学知识完成下列两个图形的程序编制，如图 1 - 23 所示。

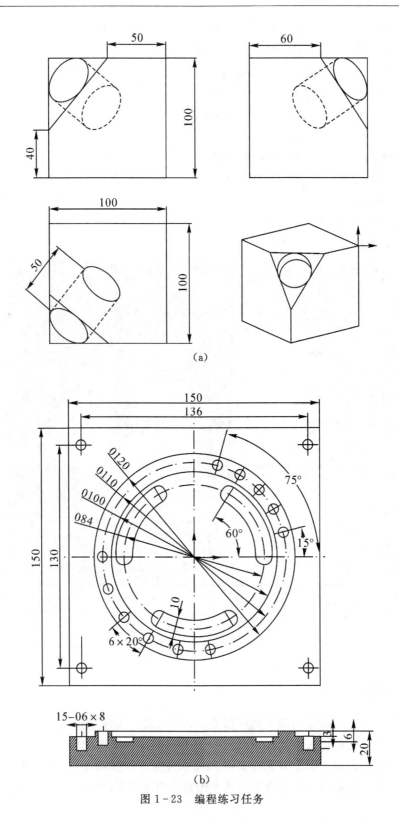

（a）

（b）

图 1-23　编程练习任务

1.7　DMU80 monoBLOCK 五轴镗铣加工中心基本操作

【学习目的】

掌握所使用的 DMU80 monoBLOCK 五轴镗铣加工中心的基本情况后,我们要考虑如何让机床动起来为我们所用。本项目主要讲解机床的开关机、手动和手摇操作等基本操作;利用探头进行机床 Z 轴、B 轴、C 轴的校验;利用探头对圆柱毛坯和方形毛坯进行对刀操作等。

【学习任务】

(1)DMU80 monoBLOCK 五轴镗铣加工中心基本操作:

①机床的启动和停止:启动和停止的过程;

②机床的手动操作:手动连续进给、增量进给、手轮进给;

③机床的 MDA 运行:MDA 的运行步骤;

④机床的程序和管理。

(2)DMU80 monoBLOCK 五轴镗铣加工中心机床校验。温差较大变化时需要校验,正常使用过程中如果加工零件精度高,可以每个月校验一次等。通过校验可以让机床旋转轴进行相应的补偿,机床精度得到保证。

(3)DMU80 monoBLOCK 五轴镗铣加工中心机床对刀。对刀操作是数控加工前非常重要的环节,通过对刀建立刀具和工件位置在机床中准确的相对位置,这样才能实现正确的加工。

【任务实施】

1.7.1　DMU80 monoBLOCK 五轴镗铣加工中心基本操作

1.开机

(1)将电气控制柜上的主开关转到"I"位置。

(2)通过按下 CE 键删除"断电"出错信息。PLC 程序将被编译。

(3)解锁"紧急停止"开关。

(4)关闭加工间门。门将自动闭锁。

(5)按下"开机"按键。机床已接通电源。

2.关机

(1)按下紧急停止按钮。

①驱动将被关闭;

②"开机键"的指示灯熄灭。

(2)按下 。

(3)如果需要,按下扩展键 ◁ 或 ▷。

(4)按下"OFF"功能键,并用"YES"确认。

(5)将电气控制柜上的主开关扳到"0"位。

1.7.2 DMU80 monoBLOCK 五轴镗铣加工中心机床对刀

1.创建刀具

将标准刀信息输入到刀具表相关位置,创建该刀具,并将标准刀装入刀库。

利用相同方式创建探头,并装入刀库。需要注意的是,探头长度和直径先设定为零,在PLC 参数中设置为"00010100"。

2.探头长度及半径校正

(1)调用标准刀,设定工件坐标系 C 为 0,利用标准刀及标准量块标定工作台上表面 Z 坐标为 0。

(2)调出探头,并在 MDI 方式下执行 M27 指令。

(3)用千分表打探头调动,如跳动超 5 μm 需要调整探头,如未超过 5 μm 说明探头可用。

(4)取下千分表,将探头移动到距离工作台上表面(注意探头正对工作台地方应为平面)以上 20～50 mm 处。依次点击 [探测功能]、[标定 L]、[□],即可测出探头长度,将测出的探头长度设定到刀具表中探头对应的刀长位置处。工作台下降至安全高度。

(5)将标准环规放到工作台上表面,并将探头移动至环规中央,探头高度低于环规上表面即可。依次点击 [探测功能]、[标定 R]、[□],即可测出探头直径,将测出的探头半径设定到刀具表中探头对应的刀半径位置处。工作台下降至安全高度,并取下环规。

(6)在 MDI 方式下再次调用探头。

3.Z 轴及回转中心校正

(1)热机 30 分钟以上,X、Y、Z、B、C 轴都要动。

(2)调用标准刀,设定工件坐标系 C 为 0,利用标准刀及标准量块标定工作台上表面 Z 坐标为 0。工作台上表面已经标定位 Z0 可不再做此步。

(3)将标定好的探头移动至工作台上表面 30～50 mm 处,关上门。

(4)进入 MDI 下,点击 $\boxed{\text{CYCLE DEF}}$,并点击扩展键 $\boxed{\triangleleft}$ 或 $\boxed{\triangleright}$,依次点击 $\boxed{\text{DECKEL MAHO}}$、"389",弹出"389"循环。

(5)Z 轴校正。

①将"389"循环中参数设定为:

Q320＝25.0018(3Dquickset 中的球直径)

Q321＝0(值为 0 表示不测,为 1 表示测 B 轴回转中心)

Q322＝0(值为 0 表示不测,为 1 表示测 C 轴回转中心)

Q323＝0(无意义,＝0)

Q324＝0(测量 B、C 轴时的旋转角度)

Q325＝1(值为 0 表示不测,为 1 表示测工作台上表面,即 Z 轴)

Q326＝0(值为 0,表示只测量;值为 1,测量并修改机床原始值;值为 2,直接修改)

②点击 $\boxed{\text{I}}$。

③测完后查看结果:依次点击 $\boxed{\diamondsuit}$、$\boxed{\text{PGM MGT}}$,在 TNC 目录下进入 PLCDATA →
KINEMATIK→389_Tisch 点 $\boxed{\text{ENT}}$,对比 0、1 行第 3 列值,如果差值针对要加工的零件精度来说较小,说明 Z 轴可用;如果差值针对要加工的零件精度来说较大,返回到 MDI 中的"389"循环将 Q326 的值修改为 1,探头移动至工作台上表面 30～50 mm 处,运行 Q389 循环两遍即可。

(6)C 轴回转中心校正。

①将测量钢球装入 45°斜孔中,底座放置在工作台行程范围内,球的朝向为 X 轴负向,将探头移动至钢球正上方 20～50 mm 处。

图 1 - 24　3Dquickset

②关门后进入 MDI 方式,修改 Q389 循环参数为:

Q320=25.0018(3Dquickset 中的球直径)

Q321=0(值为 0 表示不测,为 1 表示测 B 轴回转中心)

Q322=1(值为 0 表示不测,为 1 表示测 C 轴回转中心)

Q323=0(无意义,=0)

Q324=180(测量 B、C 轴时的旋转角度)

Q325=0(值为 0 表示不测,为 1 表示测工作台上表面,即 Z 轴)

Q326=0(值为 0,表示只测量;值为 1,测量并修改机床原始值;值为 2,直接修改)

③点击 。

④ 测完后查看结果:依次点击 、,在 TNC 目录下进入 PLCDATA→KINEMATIK→389_Tisch 点 ,对比 0、1 行第 1、2 列值,如果差值针对要加工的零件精度来说较小,说明 C 轴可用;如果差值针对要加工的零件精度来说较大,返回到 MDI 中的"389"循环将 Q326 的值修改为 1,探头移动至工作台上表面 30~50 mm 处,运行 Q389 循环两遍即可。

(7)B 轴回转中心校正。

①修改 Q389 循环参数为:

Q320=25.0018(3Dquickset 中的球直径)

Q321=1(值为 0 表示不测,为 1 表示测 B 轴回转中心)

Q322=0(值为 0 表示不测,为 1 表示测 C 轴回转中心)

Q323=0(无意义,=0)

Q324=-90(测量 B、C 轴时的旋转角度)

Q325=0(值为 0 表示不测,为 1 表示测工作台上表面,即 Z 轴)

Q326=0(值为 0,表示只测量;值为 1,测量并修改机床原始值;值为 2,直接修改)

②点击 。

③ 测完后查看结果:依次点击 、,在 TNC 目录下进入 PLCDATA→KINEMATIK→389_KOPF 点 ,对比 0、1 行第 1、3 列值,如果差值针对要加工的零件精度来说较小,说明 B 轴可用;如果差值针对要加工的零件精度来说较大,返回到 MDI 中的"389"循环将 Q326 的值修改为 1,探头移动至工作台上表面 30~50 mm 处,运行 Q389 循环两遍即可。

5.不同类型毛坯对刀操作

(1)方形毛坯对刀。

①安装好毛坯,将工件坐标系中的 C 值设定为 0。最好在 MDI 方式下运行 M27 指令。

②X 向找正。将探头移动到与 X 轴方向比较接近且离操作者最近的毛坯的一条边上,依次点击 、扩展键 、、、,沿着 X 向移动探头(不能超出该

边),再点 ,得到该边与 X 轴的夹角。将探头抬高到安全高度,点"回转工作台定位"、后工作台自动旋转将探测的边转到与 X 轴平行的位置;点击"设定原点"将该值记入"0"号坐标系。

③X、Y 轴对刀。

方案一 通过毛坯相邻两条边设定工件坐标系 X、Y 值。

依次点 [探测功能]、[测量 P],调整探头位置,分别在毛坯相邻的两个边上选两点点击 ,在"Measured Value X= "和"Measured Value Y= "中分别输入该相邻两边的交点在工件坐标系中的坐标值,点击"设定原点"将该 X、Y 值记入"0"号坐标系。

方案二 利用分中的方式设定工件坐标系 X、Y 值。

依次点 [探测功能]、[测量],调整探头到"X＋"向距工件 20～50 mm 处点 [X－]、;调整探头到"X－"向距工件 20～50 mm 处点 [X＋]、;调整探头到"Y＋"向距工件 20～50 mm 处点 [Y－]、;调整探头到"Y－"向距工件 20～50 mm 处点 [Y＋]、,即可确定工件坐标系的 X、Y 值(工件中心位置),点击"设定原点"将该 X、Y 值记入"0"号坐标系。

④Z 轴对刀。

将探头移动至距工件上表面 20～50 mm 处,依次点击 [探测功能]、[测量 POS]、[Z－]、,点击"设定原点"将该 Z 值记入"0"号坐标系。

(2)圆柱形毛坯对刀。

①X、Y 轴对刀。

先设定 C＝0。

方案一 将原点定在圆孔中心。

依次点 [探测功能]、[测量 CC],调整探头位置到圆孔中间位置,点击 ,即可得出圆孔中心的 X、Y 值,点击"设定原点"将该 X、Y 值记入"0"号坐标系。

方案二 将原点定在圆柱体中心。

依次点 [探测功能]、[测量 CC],调整探头位置到圆柱体的"X＋"向距工件 20～50 mm 处点 [X－]、;调整探头到"Y＋"向距工件 20～50 mm 处点 [Y－]、;调整探头到

"X−"向距工件 20～50 mm 处点 、 ；调整探头到"Y−"向距工件 20～50 mm 处

点 、 ，即可确定工件坐标系的 X、Y 值（工件中心位置），点击"设定原点"将该 X、Y 值记入"0"号坐标系。

②Z 轴对刀。

将探头移动至距工件上表面 20～50 mm 处，依次点击 、 、 、

，点击"设定原点"将该 Z 值记入"0"号坐标系。

注意：

①每把刀具都可以通过对刀仪来测定长度后设定到刀具表对应位置。

②对完刀具后需通过各种方式对对刀结果进行检验后才能使用刀具。

【问题与思考】

(1)为什么 DMU80 monoBLOCK 五轴镗铣加工中心没有进行开机回零操作呢？

(2)利用探头进行机床 Z 轴、B 轴、C 轴的校验的作用是什么？

(3)DMU80 monoBLOCK 五轴镗铣加工中心机床利用探头对刀要注意什么？

第二部分 高速切削与五轴加工理论

2.1 高速切削认知

【学习目的】

高速切削在航空航天、模具工业、电子行业、汽车工业等领域得到越来越广泛的应用。在航空航天领域主要是解决零件大余量材料去除、薄壁件加工、高精度、难加工材料和加工效率等问题,特别是整体结构件高速切削,既保证了零件质量,又省去了许多装配工作。模具工业中大部分模具均适用高速铣削技术,高速硬切削可加工硬度达 50~60 HRC 的淬硬材料,因而取代了部分电火花加工,并减少了钳工修磨工序,缩短了模具加工周期;高速铣削石墨可获得高质量的电火花加工电极。高速切削的高效率使其在电子印刷线路板打孔和汽车大规模生产中得到广泛应用。本项目主要讲解高速切削技术的定义、特点及应用,以让学习者可以对高速切削有一个初步的认识。

【学习任务】

(1)高速切削技术的定义及发展历程。了解什么是高速切削,为什么要应用高速切削技术。

(2)高速切削技术的特点。

(3)高速切削技术的应用。

(4)高速切削技术的关键技术。

【任务实施】

2.1.1 高速加工的定义

1.高速加工的提出和发展

高速加工技术是近十几年才迅速发展的一项先进制造技术,但它的理论研究可追溯到 20 世纪 20 年代末。德国切削物理学家皮尔·萨洛蒙博士(Dr.Carl Salomon)于 1929 年进行了超高速切削实验,获得一些实验曲线,现在常被称为"Salomon(萨洛蒙)曲线"(如图 2-1 所示),并于 1931 年 4 月发表了著名的超高速切削理论。Salomon 指出:在常规的切削速度范围内(见图 2-1 中 A 区),切削温度随着切削速度的增大而提高,但当切削速度增大到某一数值 V_s 以后,切削速度再增大,切削温度反而降低(如图 2-1 所示),且该切削速度值 V_s 与工件材料的种类有关。对于每一种工件材料都存在一个速度范围,在该速度范围内(见图 2-1 中 B 区),由于切削温度太高,刀具材料无法承受,切削加工就不可能进行,这个范围常被称为"死谷(Dead valley)"。

Salomon 是用圆锯片来做实验研究的,这主要是因为当时还没有高速旋转的电机,因而只能通过加大圆锯片的直径来得到较高的切削速度。

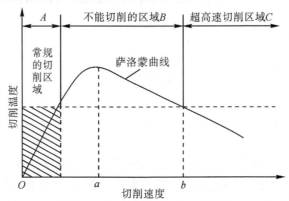

图 2-1 Salomon 曲线切削速度变化和切削温度的关系

虽然由于实验条件的限制,当时无法付诸实践,但这个思想激起了人们研究高速切削的热情,推动了高速切削的研究;他给后来的研究者一个非常重要的启示,即如果能越过这个"死谷",而在高速区(见图 2-1 中 C 区)工作,那么就有可能用现有的刀具进行高速切削,切削温度与常规切削基本相同,从而大幅度地减少切削工时,大大提高机床的生产效率,而且还将给切削带来一系列的优良特性。这个高速区被萨洛蒙博士预言为"希望之地",在那里材料的某些切削机理将发生某种变化。

高速加工技术是一项先进的制造工艺,并具有广阔的应用前景。但是,就像其他许多技术革新一样,经过相当长的时间,高速加工基础理论才用于生产。这一过程长达 60 年,一方面是因为工艺界对这一技术采取了谨慎的态度,另一方面是因为当时的生产设备不适合用来进行高速加工。

1931 年德国切削物理学家 C.Salomom 在"高速切削原理"一文中提出高速加工,给出了著名的"Salomom 曲线"——对应于一定的工件材料存在一个临界切削速度,此点切削温度最高,超过该临界值,切削速度增加,切削温度反而下降。

Salomom 的理论与实验结果,引发了人们极大的兴趣,并由此产生了"高速切削(HSC)"的概念,美国、日本等国家也相继开展了有关研究。

美国于 1950 年后开始进行超高速切削试验。那时不可能达到高转速加工,就采用了弹射实验方法。试验时将刀具装在加农炮里,从滑台上射向工件;或将工件当作子弹射向固定的刀具。根据实验建立了有关特殊切削压力和动态切削力的公式,并有史以来第一次科学地证实了在低速切削区,切削力随切削速度的提高而增大,但当切削速度大到一定程度后,切削力会急剧下降。此外,研究表明,随着切削速度的提高,切屑渐渐变得不连续。弹射实验中发现:材料超出了塑性特性区,切屑由于脆性断裂而成型。

20 世纪 60 年代早期,美国大量的研究表明,只要解决切削过程中严重的刀具磨损和机床振动,生产效率会大大提高,生产成本也会显著降低。在一项研究中还发现,切削铝时切削速度超过 6500 m/min 时很有研究价值。而在日本,大部分研究集中在切屑变形理论和变形机理。到 80 年代早期,高速主轴用于加工中心之后,高速加工的理论不仅得到进一步发展,而且也能用于实际生产中。

1977 年美国在一台带有高频电主轴的加工中心上进行了高速切削试验,其主轴转速在 180～18000 r/min 范围内无级变速,工作台的最大进给速度为 7.6 m/min。

1979 年美国国防高级研究计划局(DARPA)发起了一项"先进加工研究计划",研究切削速度比塑性波还要快的超高速切削,为快速切除金属材料提供科学依据。

1984 年联邦国家研究技术部组织了以 Darmstadt 工业大学的生产工程与机床研究所 PTW 为首,包括 41 家公司参加的两项联合研究计划,全面而系统地研究了超高速切削刀具、控制系统以及相关的工艺技术,分别对各种工件材料(钢、铸铁、特殊合金、铝合金、铝镶铸造合金、铜合金和纤维增强塑料等)的超高速切削性能进行了深入的研究与试验,取得了切削热的绝大部分被切屑带走国际公认的高水平研究成果,并在工厂广泛应用,获得了好的经济效益。

日本于 20 世纪 60 年代就着手超高速切削机理的研究。日本学者发现在超高速切削时,工件基本保持冷态,其切屑要比常规切屑热得多。日本工业界吸取各国的研究成果并及时应用到新产品开发中去,在高速切削机床的研究和开发方面后来居上,现已跃居世界领先地位。进入 20 世纪 90 年代以来,以松浦(Matsuora)、牧野 (Makino)、马扎克(Mazak)和新泻 (Niigata)等公司为代表的一批机床制造厂,陆续向市场推出超高速加工中心和数控铣床,日本厂商现已成为世界上超高速机床的主要提供者。

我国早在 20 世纪 50 年代就开始研究高速切削,但因各种条件限制,进展缓慢。近 10 年来成果显著,至今仍有多所大学、研究所开展了高速加工技术及设备的研究。

由于种种原因,我国一些高速加工技术基础共性技术研究没有优化、集成和推广应用。国内企业大都从外国引进高速加工技术,存在差距理所当然。差距主要表现在下面几个方面:

①高速刀具技术:差距主要表现在高性能刀具材料的研发(含表面涂层材料)、刀具制造工艺技术、刀具安全技术及刀具使用技术等领域。

②高速机床技术:差距在于机床关键功能部件的研发制造。如转速 20000 rpm 以上的大功率高刚度主轴、无刷环形扭矩电机、直线电机、快速响应数控系统、多功能复合机床设计、制造网络、通信网络技术的应用等,还处于初级阶段或处于空白。

③生产技艺数据库:国内制造企业(尤其是国有企业)普遍未重视建立自身企业(行业)生产技艺系统数据库,其中包含制造工艺流程及相关的技艺(Know How)、金属(非金属)切削数据库、专家机制知识库、企业内外有效资源数据库等。

高速切削机理的基础共性技术研究也处于初级阶段。

高速加工于 20 世纪 80 年代进入了一个高速发展时期,90 年代在制造业广泛应用。它是一种先进的金属切削加工技术,对于复杂形状和难加工材料及高硬度材料减少加工工序,最大限度地实现产品的高精度和高质量,从而大大地提高切削效率和加工质量,又称为高性能加工,多用于铣削加工。高速加工由航空工业和模具工业的需求而推动发展的。

现在美国和日本大约有 30% 的公司已经使用高速加工,在德国这个比例高于 40%。在飞机制造业,高速铣已经普遍用于飞机零件的加工。

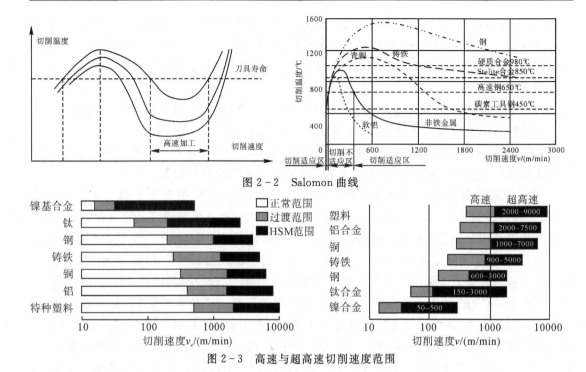

图 2-2 Salomon 曲线

图 2-3 高速与超高速切削速度范围

2.高速加工定义

高速切削加工技术中的"高速"是一个相对的概念。对于不同的加工方法和工件材料与刀具材料,高速切削加工时应用的切削速度并不相同。一般认为高速加工是指采用超硬材料的刀具,通过极大地提高切削速度和进给速度,来提高材料切除率、加工精度和加工表面质量的现代加工技术。目前高速切削加工的具体定义主要有以下几种:

①1978 年,CIRP 切削委员会提出以线速度 500～7000 m/min 的切削速度为高速切削加工。

②以切削速度和进给速度界定:高速加工的切削速度和进给速度为普通切削的 5～10 倍。

③以主轴转速界定:高速加工的主轴转速≥10000～20000 r/min。

④高速加工的切削速度范围。高速加工切削速度范围因不同的工件材料而异,见图 2-2。表 2-1 和表 2-2 是不同材质在 HSC 铣削与常规加工时切削速度范围的比较。

a.车削:700～7000 m/min;b.铣削:300～6000 m/min;c.钻削:200～1100 m/min;d.磨削:50～300 m/s。

表 2-1　加工不同材料在 HSC 铣削与常规加工时切削速度范围的比较

被加工材料	常规切削速度/(m/min)	HSC 切削速度/(m/min)
纤维增强塑料	～800	1200～9000
轻金属	～800	2000～5000
铜合金	～400	1200～4500
铸铁	～300	1000～3000
普通工具钢	～250	700～2000
钛合金	～80	200～1000
镍基合金	～20	100～300

表 2 - 2 加工合金钢时 HSC 与常规加工的切削速度比较

加工方式	常规切削速度/(m/min)	HSC 切削速度/(m/min)
钻削	～100	～200
拉削	～40	～80
精镗	～10	～300

2.1.2　高速与超高速切削的特点

随着高速与超高速机床设备和刀具等关键技术领域的突破性进展,高速与超高速切削技术的工艺和速度范围也在不断扩展。如今在实际生产中超高速切削铝合金的速度范围为1500～5500 m/min,铸铁为 750～4500 m/min,普通钢为 600～800 m/min,进给速度高达20～40 m/min,而且超高速切削技术还在不断地发展。在实验室里,切削铝合金的速度已达6000 m/min 以上,进给系统的加速度可达 3g。有人预言,未来的超高速切削将达到音速或超音速。其特点可归纳如下:

(1)随切削速度的提高,单位时间内材料切除率增加,切削加工的时间减少,切削效率提高3～5 倍,加工成本可降低 20%～40%。

(2)在高速切削速度范围,随切削速度的进步,切削力随之减小,根据切削速度进步的幅度,切削力平均可减少 30% 以上,有利于对刚性较差和薄壁零件的加工。

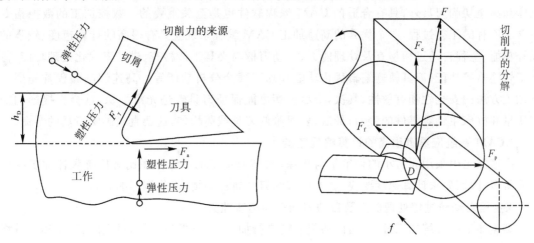

图 2 - 4　切削力

(3)从动力学的角度,高速切削加工过程中,随切削速度的进步使切削系统的工作频率阔别机床低阶固有频率,从而可减轻或消除振动。故高速切削加工可降低已加工表面粗糙度,进步加工质量。

转速的提高使切削系统的工作频率远离机床的低阶固有频率,加工中鳞刺、积屑瘤、加工硬化、残余应力等也受到抑制。因此,高速切削加工可大大降低加工表面粗糙度,加工表面质量可提高 1～2 等级。

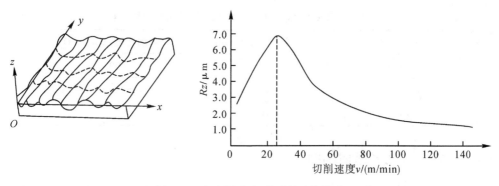

图 2-5 切削速度与表面粗糙度关系

(4)高速切削加工可加工硬度 45～65 HRC 的淬硬钢,实现以切代磨。

(5)高速切削加工时,切屑以很高的速度排出,切削热大部分被切屑带走,切削速度提高愈大,带走的热量愈多,传给工件的热量大幅度减少,工件整体温升较低,工件的热变形相对较小。因此,有利于减少加工零件的内应力和热变形,提高加工精度,适合于热敏感材料的加工。

2.1.3 高速加工编程对 CAM 编程软件的功能要求

高速铣削加工对数控编程系统的要求越来越高,价格昂贵的高速加工设备对软件提出了更高的安全性和有效性要求。高速切削有着比传统切削特殊的工艺要求,除了要有高速切削机床和高速切削刀具外,具有合适的 CAM 编程软件也是至关重要的。数控加工的数控指令包含了所有的工艺过程,一个优秀的高速加工 CAM 编程系统应具有很高的计算速度、较强的插补功能、全程自动过切检查及处理能力、自动刀柄与夹具干涉检查、进给率优化处理功能、待加工轨迹监控功能、刀具轨迹编辑优化功能和加工残余分析功能等。高速切削编程首先要注意加工方法的安全性和有效性;其次,要尽一切可能保证刀具轨迹光滑平稳,这会直接影响加工质量和机床主轴等零件的寿命;最后,要尽量使刀具载荷均匀,这会直接影响刀具的寿命。

1.CAM 系统应具有很高的计算编程速度

高速加工中采用非常小的切给量与切深,故高速加工的 NC 程序比对传统数控加工程序要大得多,因而要求计算速度要快,要方便节约刀具轨迹编辑,优化编程的时间。

2.全程自动防过切处理能力及自动刀柄干涉检查能力

高速加工以传统加工近 10 倍的切削速度进行加工,一旦发生过切,对机床、产品和刀具将产生灾难性的后果,所以要求其 CAM 系统必须具有全程自动防过切处理的能力。高速加工的重要特征之一就是能够使用较小直径的刀具,加工模具的细节结构。系统能够自动提示最短夹持刀具长度,并自动进行刀具干涉检查。

3.丰富的高速切削刀具轨迹策略

高速加工对加工工艺走刀方式比传统方式机能有着特殊要求,因而要求 CAM 系统能够满足这些特定的工艺要求。为了能够确保最大的切削效率,又保证在高速切削时加工的安全性,CAM 系统应能根据加工瞬时余量的大小,自动对进给率进行优化处理,以确保高速加工刀具受力状态的平稳性,提高刀具的使用寿命。CAM 软件在生成刀具轨迹方面应具备以下功能:

（1）应避免刀具轨迹中走刀方向的突然变化，以免因局部过切而造成刀具或设备的损坏。

（2）应保持刀具轨迹的平稳，避免突然加速或减速。

（3）下刀或行间过渡部分最好采用斜式下刀或圆弧下刀，避免垂直下刀直接接近工件材料；行切的端点采用圆弧连接，避免直线连接。

（4）残余量加工或清根加工是提高加工效率的重要手段，一般应采用多次加工或采用系列刀具从大到小分次加工，避免用小刀一次加工完成，还应避免全力宽切削。

（5）刀具轨迹编辑优化功能非常重要，避免多余空刀，可通过对刀具轨迹的镜像、复制、旋转等操作，避免重复计算。

（6）刀具轨迹裁剪修复功能也很重要，可通过精确裁剪减少空刀，提高效率，也可用于零件局部变化时的编程，此时只需修改变化的部分，无须对整个模型重编。

（7）可提供优秀的可视化仿真加工模拟与过切检查，如 Vericut 软件就可很好地检测干涉。

2.1.4　高速加工的应用

高速加工的应用有两个有区别的市场范围：高速切削范围下限的高速机床以大的金属去除率为主；另一市场是真正的高速加工，具有中等的金属去除率，但切削速度很高。因此，高速加工机床适用于轻金属、铜、铅以及塑料的初、精加工；但在加工钢及铸铁中，常适用于精加工和半精加工。高速加工技术的应用领域见表 2-3。

表 2-3　高速加工技术的应用领域

技术特点	应用范围	应用实例
高的金属切除率和高的进给速度	加工铝、镁等轻金属合金、普通钢材及铸铁材料	飞机和航空制造业，汽车制造工业中的发动机加工、模具制造业
获得很好的已加工表面质量，表面粗糙度值很小	加工精密零件和特种精密表面要求的零件	光学及仪器制造工业，精密机械加工工业，螺旋压力机精密零件
单位切削力小	加工薄壁类和薄板类工件，加工刚性差的工件	飞行器与航空工业中的薄壁零件，汽车工业与家用电器中的薄板类零件
机床具有极高的强迫振荡频率	加工复杂的且刚性差的零件	光学和精密制造工业
切削热绝大部分由切屑带走	加工不耐热工件，加工对热和温度十分敏感的零件	精密机械工业，加工镁及其合金

（1）航空航天。

①带有大量薄壁、细筋的大型轻合金整体构件加工，材料去除率达 $100\sim180$ cm³/min。

②镍合金、钛合金加工，切削速度达 $200\sim1000$ m/min。

（2）汽车工业。采用高速数控机床和高速加工中心组成高速柔性生产线，实现多品种、中小批量的高效生产。

（3）模具制造。高速铣削代替传统的电火花成形加工，效率提高 3～5 倍。对于复杂型面模具，模具精加工费用往往占到模具总费用的 50％以上。采用高速加工可使模具精加工费用大大减少，从而可降低模具生产成本。

（4）仪器仪表。精密光学零件加工。

高速加工实例 1：

高速加工切削条件 1

毛坯材料	使用刀具	主轴转速/(r/min)	进给速度/(mm/min)
NAK 80 (40HRC)	φ4 球头	14000	1500

图 2-6 实例 1 加工图形

高速加工实例 2：

高速加工切削条件 2

毛坯材料	使用刀具	主轴转速/(r/min)	进给速度/(mm/min)
NAK 80 (40HRC)	R2X50(CBN)	15000	2100

图 2-7 实例 2 加工图形

高速加工实例 3：

高速加工切削条件 3

毛坯材料	使用刀具	主轴转速/(r/min)	进给速度/(mm/min)
NAK 80 (40HRC)	R2X50(CBN)	20000	6000

图 2-8　实例 3 加工图形

2.1.5　高速加工的关键技术

1.高速加工的相关技术

高速加工切削系统主要由可满足高速切削的高速加工中心、高性能的刀具夹持系统、高速切削刀具、安全可靠的高速切削 CAM 软件系统等构成,因此,高速加工实质上是一项大的系统工程,包括诸多关键技术。这些关键技术主要有:高速切削机理的研究,高速加工机床(包括高速主轴系统、高速进给系统、控制系统等),高速刀具及工具技术,高速加工检测与监控技术,高速加工工艺技术,高速切削加工的安全防护技术等。

(1)与高速加工密切相关的技术主要有:

①高速加工刀具与磨具制造技术;

②高速主轴单元制造技术;

③高速进给单元制造技术;

④高速加工在线检测与控制技术;

⑤其他:如高速加工毛坯制造技术,干切技术,高速加工的排屑技术、安全防护技术等。

(2)高速切削与磨削机理的研究,对于高速切削的发展也具有重要意义。

(3)高速加工虽具有众多优点,但由于技术复杂,且对于相关技术要求较高,使其应用受到限制。

高速加工作为一种新的技术,其优点是显而易见的,它给传统的数控加工带来了一种革命性的变化。但是,目前即便是在加工机床水平先进的瑞士、德国、日本、美国,对这一全新技术的研究也还处在不断地摸索研究中。有许多问题有待于解决,如高速机床的动态、热态特性;刀具材料、几何角度和耐用度问题;机床与刀具间的接口技术(刀具的动平衡、扭矩传输);冷却润滑液的选择;CAD/CAM 的程序后处理问题;高速加工时刀具轨迹的优化问题等等。国内在这一方面的研究采尚处于起步阶段,要赶上并尽快缩小与国外同行业间的差距,还有许多路要走。

2.高速加工的研究体系

高速加工作为复杂的系统工程和综合技术,需要高速切削加工基础理论及工艺、高速切削加工机床技术(包括机床结构设计和制造、高速主轴单元、快速进给系统、高性能 CNC 系统等)、高性能刀具材料及刀具设计制造技术等多项技术合理集成。高速切削加工技术诸多工艺理论和设备等硬件的均衡发展是高速切削加工技术的广泛推广和应用的前提,以加工的高效率、高精度、低成本、低污染、短生产周期为目标,其研究体系如图 2-9 所示。

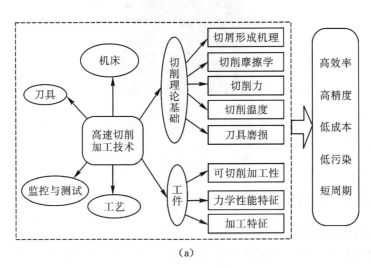

(a)

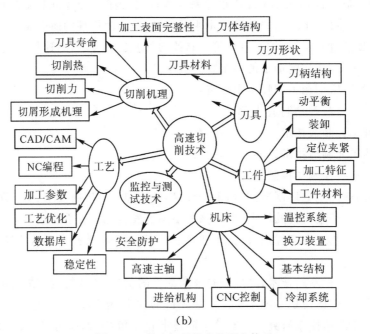

(b)

图 2-9 高速切削技术的研究体系

按研究体系的内容、特点和相互关系可分为技术原理、基础技术、单元技术和总体技术 4个层次,见图 2-10。其中技术原理通过高速切削试验和理论分析揭示高速切削加工机理,对高速加工过程中的变形、力、温度、摩擦和磨损规律及高速加工系统各部分的稳定性、可靠性等进行分析;基础技术和单元技术是实现高速切削技术的关键,包括材料技术,构件、元件及部件的设计和制造技术,控制和监测方法;总体技术是各单元技术按应用特征和技术性能的进一步集成。

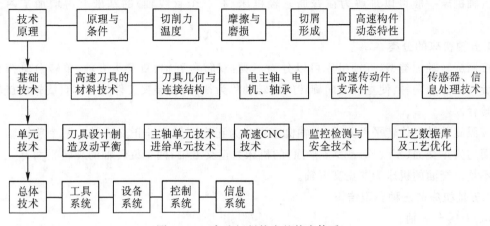

图 2-10　高速切削技术的技术体系

【问题与思考】

(1)高速与超高速切削有什么特点?

(2)高速加工编程对 CAM 编程软件的功能有什么要求?

2.2　五轴加工认知

【学习目的】

五轴加工所采用的机床通常称为五轴机床或五轴加工中心。五轴加工常用于航天领域,加工具有自由曲面的机体零部件、涡轮机零部件和叶轮等。五轴机床可以不改变工件在机床上的位置而对工件的不同侧面进行加工,可大大提高棱柱形零件的加工效率。本项目主要讲解五轴加工机床的结构、特点及应用。

【学习任务】

(1)五轴机床主要结构有双转台五轴、双摆头五轴、单转台单摆头五轴这三种类型,并要知道这三类结构各有什么特点。DMU80 monoBLOCK 五轴镗铣加工中心属于单转台单摆头这种结构。

(2)五轴机床的优点。应用五轴机床可以解决很多三轴机床无法完成的工作。

(3)五轴加工需要用到自动编程软件和仿真软件。通过 CAM 软件可以做出我们想要的加工轨迹并得出加工程序;由于五轴机床加工昂贵,通过仿真软件可以模拟整个加工过程,可以极大地降低在机床上出错的概率。

【任务实施】

2.2.1　五轴数控机床简介

五轴机床一般可以理解为在普通三轴机床(有三个直线轴)的基础上再增加了两个旋转轴。

1.五轴机床的分类

按照旋转轴的类型,五轴机床可以分为三类:双转台五轴、双摆头五轴、单转台单摆头五轴。旋转轴分为两种:使主轴方向旋转的旋转轴称为摆头,使装夹工件的工作台旋转的旋转轴称为转台。

按照旋转轴的旋转平面分类,五轴机床可分为正交五轴和非正交五轴。两个旋转轴的旋转平面均为正交面(XY、YZ 或 XZ 平面)的机床为正交五轴;两个旋转轴的旋转平面有一个或两个不是正交面的机床为非正交五轴。

2.五轴机床的三种典型结构

(1)双转台五轴。

两个旋转轴均属转台类,B 轴旋转平面为 YZ 平面,C 轴旋转平面为 XY 平面。一般两个旋转轴结合为一个整体构成双转台结构,放置在工作台面上。

特点:加工过程中工作台旋转并摆动,可加工工件的尺寸受转台尺寸的限制,适合加工体积小、重量轻的工件;主轴始终为竖直方向,刚性比较好,可以进行切削量较大的加工。

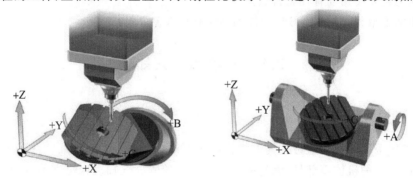

图 2-11　双转台结构示意图

(2)双摆头五轴。

两个旋转轴均属摆头类,B 轴旋转平面为 ZX 平面,C 轴旋转平面为 XY 平面。两个旋转轴结合为一个整体构成双摆头结构。

特点:加工过程中工作台不旋转或摆动,工件固定在工作台上,加工过程中静止不动。适合加工体积大、重量重的工件;但因主轴在加工过程中摆动,所以刚性较差,加工切削量较小。

(3)单转台单摆头五轴。

旋转轴 B 为摆头,旋转平面为 ZX 平面;旋转轴 C 为转台,旋转平面为 XY 平面。

特点:加工过程中工作台只旋转不摆动,主轴只在一个旋转平面内摆动,加工特点介于双转台和双摆头之间。

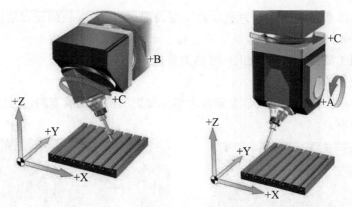

图 2-12　双摆头结构示意图

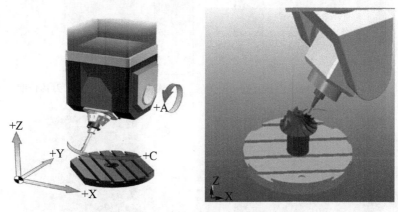

图 2-13　单摆头单转台结构示意图

2.2.2　五轴加工优点及应用

1.三轴加工的缺点

(1)刀具长度过长,刀具成本过高。

(2)刀具振动引发表粗糙度问题。

(3)工序增加,多次装夹。

(4)刀具易破损。

(5)刀具数量增加。

(6)易过切引起不合格工件。

(7)重复对刀产生累积公差。

2.五轴加工的优点

(1)可有效避免刀具干涉,加工一般三轴数控机床所不能加工的复杂曲面。

(2)可一次装夹完成加工出连续、平滑的自由曲面。

(3)五轴加工时使刀具相对于工件表面可处于最有效的切削状态,避免了刀具(刀尖点)零线速度加工带来的切削效率极低、加工表面质量严重恶化。

(4)提高表面质量对于直纹面零件,可采用侧铣方式一刀成型。

（5）对一般立体型面特别是较为平坦的大型表面,可用大直径面铣刀端面贴近表面进行加工。

（6）在某些加工场合,可采用较大尺寸的刀具避开干涉进行加工。

（7）可使用较短的切削刀具。

（8）符合工件一次装夹便可完成全部或大部分加工的机床发展方向,并且能获得更高的加工精度、质量和效率。

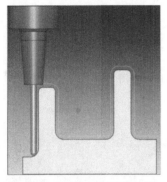 

图 2-14　三轴加工刀具长度　　　　图 2-15　五轴加工刀具长度

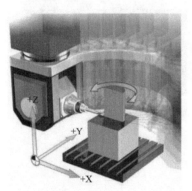 

图 2-16　五轴机床运动

3.五轴加工主要应用的领域

五轴加工的应用领域有:航空、造船、医学、汽车工业、模具等。

4.应用五轴加工的典型零件

应用五轴加工的典型零件有：叶轮、涡轮、蜗杆、螺旋桨、鞋模、立体公、人体模型、汽车配件、其他精密零件加工等。

2.2.3　五轴数控加工难点

1.编程复杂、难度大、对使用者 CAM 软件应用水平要求高

在三坐标铣削加工和普通的两坐标车削加工中，作为加工程序的 NC 代码的主体即是众多的坐标点，控制系统通过坐标点来控制刀尖参考点的运动，从而加工出需要的零件形状。在编程的过程中，只需要通过对零件模型进行计算，在零件上得到点位数据即可。而在多轴加工中，不仅需要计算出点位坐标数据，更需要得到坐标点上的矢量方向数据，这个矢量方向在加工中通常用来表达刀具的刀轴方向，这就对计算能力提出了挑战。目前这项工作最经济的解决方案是通过计算机和 CAM 软件来完成，众多的 CAM 软件都具有这方面的能力。但是，这些软件在使用和学习上难度比较大，编程过程中需要考虑的因素比较多，能使用 CAM 软件编程的技术人员成为多坐标加工的一个瓶颈因素。

比如常采用 UG、PowerMILL 等软件。

2.熟悉机床结构及后处理，需要采用辅助的加工仿真优化软件

即使利用 CAM 软件，从目标零件上获得了点位数据和矢量方向数据之后，并不代表这些数据可以直接用来进行实际加工。因为随着机床结构和控制系统的不同，这些数据如何能准确地解释为机床的运动，是多坐标联动加工需要着重解决的问题。以五坐标联动的铣削机床为例，从结构类型上看，分为双转台、双摆头、单摆头/单转台三大类，每大类中由于机床运动部件的运动方式的不同而有所不同。以直线轴 Z 轴为例，对于立式设备来说，人们编程时习惯以 Z 轴向上为正方向，但是有些设备是通过主轴头固定而工作台向下移动，产生的刀具相对向上移动实现的 Z 轴正方向移动；有些设备是工作台固定而主轴头向上移动，产生的刀具向上移动。在刀具参考坐标系和零件参考坐标系的相对关系中，不同的机床结构对三坐标加工中心没有什么影响，但是对于多轴联动的设备来说就不同了，这些相对运动关系的不同对加工程序有着不同的要求。由于机床控制系统的不同，对刀具补偿的方式和程序的格式也都有不同的要求。因此，仅仅利用 CAM 软件计算出点位数据和矢量方向并不能真正地满足最终的加工需要。这些点位数据和矢量方向数据就是前置文件。我们还需要利用另外的工具将这些前置文件转换成适合机床使用的加工程序，这个工具就是后处理。

比如 Vericut 等仿真软件。

3.五轴机床常用数控系统

数控系统多采用 Siemens840D 和 Heidenhain iTNC530 等高档数控系统，需要全面掌握数控系统的各项功能。国内也有很多企业在做可以实现五轴联动的数控系统，比如华中、广数和南京四开等企业。

4.五轴加工和高速加工紧密结合

(1)高速电主轴在模具自由曲面和复杂轮廓的加工中，常常采用 2~12 mm 较小直径的立铣刀，而在加工铜或石墨材料的电火花加工用的电极时，要求很高的切削速度，因此，电主轴必须具有很高的转速。

（2）高速加工中心或铣床上多数还是采用伺服电机和滚珠丝杠来驱动直线坐标轴,但部分加工中心已采用直线电机,由于这种直线驱动免去了将回转运动转换为直线运动的传动元件,从而可显著提高轴的动态性能、移动速度和加工精度。直线电机可以显著提高高速机床的动态性能。由于模具大多数是三维曲面,刀具在加工曲面时,刀具轴要不断进行制动和加速。只有通过较高的轴加速度才能在很高的轨迹速度情况下,在较短的轨迹路径上确保以恒定的每齿进给量跟踪给定的轮廓。如果曲面轮廓的曲率半径愈小,进给速度愈高,那么要求的轴加速度愈高。因此,机床的轴加速度在很大程度上影响到模具的加工精度和刀具的耐用度。

（3）转矩电机的应用。在高速加工中心上,回转工作台的摆动以及叉形主轴头的摆动和回转等运动,已广泛采用转矩电机来实现。转矩电机是一种同步电机,其转子直接固定在所要驱动的部件上,所以没有机械传动元件,它像直线电机一样是直接驱动装置。转矩电机所能达到的角加速度要比传统的蜗轮蜗杆传动高 6 倍,在摆动叉形主轴头时加速度可达到 $3g$。

2.2.4 什么是 RTCP 和 RPCP

RTCP(Rotary Tool Control Point)是五轴机床按照刀具旋转中心编程的简称。在非 RTCP 模式下编程,要求机床的转轴中心长度正好等于书写程序时所考虑的数值,任何修改都要求重新书写程序。而如果启用 RTCP 功能后,控制系统会自动计算并保持刀具中心始终在编程的 XYZ 位置上,转动坐标的每一个运动都会被 XYZ 坐标的一个直线位置所补偿。相对传统的数控系统而言,一个或多个转动坐标的运动会引起刀具中心的位移;而对带有 RTCP 功能的数控系统而言,可以直接编程刀具中心的轨迹,而不用考虑枢轴的中心距,这个枢轴中心距是独立于编程的,是在执行程序前由显示终端输入的,与程序无关。

RPCP(Rotary Part Control Point)是五轴机床按照工件旋转中心编程的简称。不同的是,该功能是补偿工件旋转所造成的平动坐标的变化。

RTCP 功能主要是应用在双摆头结构形式的机床上,而 RPCP 功能主要是应用在双转台形式的机床上,而对于一摆头、一转台形式的机床是上述两种情况的综合应用。总之,不具备 RTCP 和 RPCP 的五轴机床和数控系统必须依靠 CAM 编程和后处理,事先规划好刀路,同样一个零件,机床换了或者刀具换了,就必须重新进行 CAM 编程和后处理。

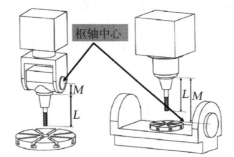

1—M:枢轴中心距(pivot distance);2—L:刀具长度

图 2-17　枢轴中心及刀具长度

G01 X0 Y500 Z430 A30 C0 F60

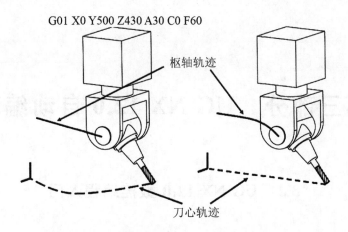

枢轴轨迹

刀心轨迹

图 2-18 非 RTCP 和 RTCP 枢轴及刀心轨迹对比

G01 X0 Y500 Z250 A0 C0 F60

X0 Y500 Z250 A-30 C0 F60

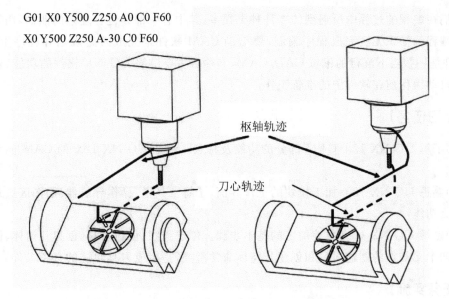

枢轴轨迹

刀心轨迹

图 2-19 非 RPCP 和 RPCP 枢轴及刀心轨迹对比

【问题与思考】

(1)常见的五轴加工中心的结构形式有哪几种？各种形式结构的特点是什么？

(2)简述多轴机床的基本定义及其加工特点。

第三部分 UG NX 12.0 自动编程

3.1 UG NX 12.0 数控编程入门

【学习目的】

我们在编程的过程中所遇到的零件种类很多,其中有一部分包含复杂的曲面,用前面所学的手工编程的知识无法完成程序编制,要借助 CAM 软件来完成刀路规划和程序生成。UG NX 软件是一款当下流行的机械 CAD/CAM,本项目主要讲解 UG NX 软件的功能、界面和数控加工自动编程前在软件中的准备工作。

【学习任务】

(1)了解 UG NX 12.0 CAM 部分的功能及特点。清楚 UG NX 12.0 的 CAM 能完成什么工作。

(2)熟悉 UG NX 12.0 加工模块的工作界面,了解工具栏、操作导航器、绘图区这几个区域都有什么功能。

(3)熟悉 UG NX 12.0 数控加工的基本步骤。创建程序、创建刀具、创建几何体、创建加工方式这四个父节点的创建刀具和创建几何体非常重要,是生成刀具轨迹的必备条件。

【任务实施】

3.1.1 UG NX 12.0 CAM 简介

UG(Unigraphics)NX 是 Siemens PLM Software 公司出品的一个产品工程解决方案,它为用户的产品设计及加工过程提供了数字化造型和验证手段。Unigraphics NX 针对用户的虚拟产品设计和工艺设计的需求,提供了经过实践验证的解决方案。这是一个交互式 CAD/CAM(计算机辅助设计与计算机辅助制造)系统,它功能强大。

CAM(Computer Aided Manufacturing,计算机辅助制造)的核心是计算机数值控制(简称数控),是将计算机应用于制造生产过程的过程或系统。

UG NX 加工基础模块提供连接 UG 所有加工模块的基础框架,它为 UG NX 所有加工模块提供一个相同的、界面友好的图形化窗口环境,用户可以在图形方式下观测刀具沿轨迹运动的情况并可对其进行图形化修改:如对刀具轨迹进行延伸、缩短或修改等。该模块同时提供通用的点位加工编程功能,可用于钻孔、攻丝和镗孔等加工编程。该模块交互界面可按用户需求进行灵活的用户化修改和剪裁,并可定义标准化刀具库、加工工艺参数样板库使初加工、半精加工、精加工等操作常用参数标准化,以减少使用培训时间并优化加工工艺。UG 软件所有模块都可在实体模型上直接生成加工程序,并保持与实体模型全相关。

UG NX 的加工后置处理模块使用户可方便地建立自己的加工后置处理程序,该模块适用于世界上主流 CNC 机床和加工中心,该模块在多年的应用实践中已被证明适用于 2～5 轴或更多轴的铣削加工、2～4 轴的车削加工和电火花线切割加工。

3.1.2　操作界面

依次点击"应用模块"、加工 按钮,即可进入加工环境(加工环境配置可暂不设置,直接点"确定"即可),进入加工环境后,则可看到 CAM 的主界面。其主界面由标题栏、菜单栏、工具栏、导航器和绘图区等几部分组成,如图 3-1 所示。

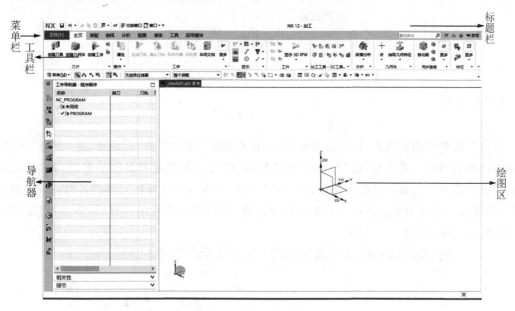

图 3-1　加工模块工作环境

工序导航器是一种图形用户界面(简称 UGI),位于整个主界面的左侧,其中显示了创建所有操作和父节点组内容。通过工序导航器,能够直观方便地管理当前存在的操作和其相关参数。工序导航器能够指定在操作间共享的参数组,可以对操作或组进行编辑、剪切、复制、粘贴和删除等。

工具栏位于菜单栏的下方,其用图标的方式显示每一个命令的功能,单击工具栏中的图标按钮就能完成相对应的命令功能。

3.1.3　UG CAM 数控加工的基本步骤

UG CAM 数控加工的基本步骤:创建程序、创建刀具、创建几何体、创建方法、创建工序、生成刀轨、过切检查、确认刀轨、机床仿真、程序后处理文件。

1.创建程序

单击工具栏中的创建程序 按钮,系统自动弹出"创建程序"对话框,在"类型"下拉菜单中选择要创建的程序类型,在"程序子类型"列表中选择要创建的子类型,在"位置"—"程序"下拉菜单中选择程序的存储位置,并在"名称"文本框中设置该程序的名称,单击"确定"按钮,完成程序的创建,如图3-2所示。

图3-2 创建程序

2.创建刀具

单击工具栏中的创建刀具按钮,系统自动弹出"创建刀具"对话框,在"类型"下拉菜单中选择要创建的刀具类型,在"刀具子类型"列表中选择要创建刀具的子类型,在"位置"—"刀具"下拉菜单中选择刀具的存储位置,并在"名称"文本框中设置该刀具的名称,单击"确定"按钮,系统会自动弹出相应类型刀具的参数对话框,完善刀具参数的设置后,单击"确定"按钮完成刀具的创建,如图3-3所示。

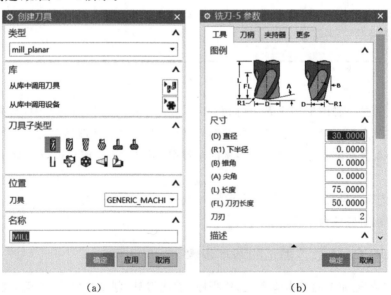

(a)   (b)

图3-3 创建刀具

3.创建几何体

单击单击工具栏中的创建几何体 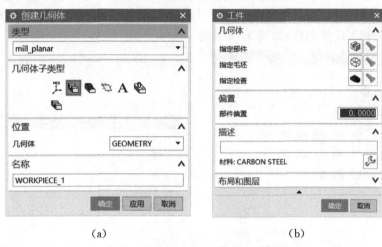创建几何体按钮,系统自动弹出"创建几何体"对话框(见图 3 - 4(a)),在"类型"下拉菜单中选择要创建的几何体类型,在"几何体子类型"列表中选择要创建几何体的子类型,在"位置"—"几何体"下拉菜单中选择几何体的存储位置,并在"名称"文本框中设置该几何体的名称,单击"确定"按钮,系统会自动弹出"工件"对话框(见图 3 - 4(b)),完善几何体参数的设置后,单击"确定"按钮完成几何体的创建。

| (a) | (b) |

图 3 - 4　创建几何体

4.创建方法

单击工具栏中的创建方法 按钮,系统会自动弹出"创建方法"对话框(见图 3 - 5(a)),在"类型"下拉菜单中选择要创建的方法类型,在"方法子类型"列表中选择要创建方法的子类型,在"位置"—"方法"下拉菜单中选择方法的存储位置,并在"名称"文本框中设置该方法的名

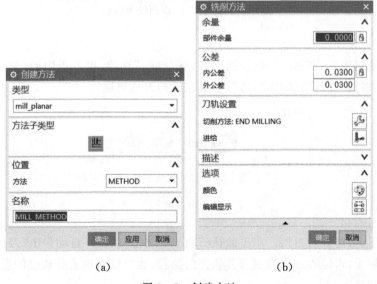

| (a) | (b) |

图 3 - 5　创建方法

称,单击"确定"按钮,系统会自动弹出"铣削方法"对话框(见图3-5(b)),完善加工方法参数的设置后,单击"确定"按钮完成方法的创建。

5.创建工序

单击工具栏中的创建工序创建工序按钮,系统会自动弹出"创建工序"对话框,在"类型"下拉菜单中选择要创建的工序类型,在"工序子类型"列表中选择要创建工序的子类型,在"位置"下拉菜单中选择之前设置好的程序、刀具、几何体和方法,并在"名称"文本框中设置该工序的名称,单击"确定"按钮,系统会自动弹出"铣削"对话框(以面铣为例),完善铣削参数的设置后,单击"确定"按钮完成工序的创建,如图3-6所示。

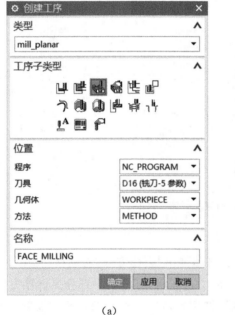

(a)   (b)

图3-6　创建工序(以面铣为例)

6.生成刀轨

完成工序的创建后,在铣削对话框的下方,有"操作"选项,单击里边的"生成刀轨"按钮,系统将自动根据之前设置的铣削参数生成相应的刀具轨迹。

图3-7　刀具轨迹生成

7.确认刀轨

生成刀轨后,可以确认刀轨。单击确认刀轨按钮,系统将自动弹出"刀轨可视化"对话框。在该对话框中,可以查看到当前刀具轨迹的路径,也可以实现刀具轨迹的重播、3D动态演示,如图3-8所示。

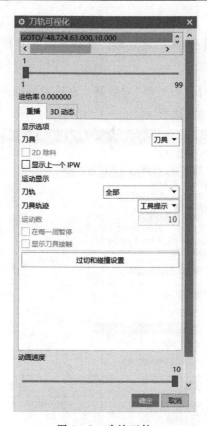

图 3-8 确认刀轨

8.过切检查

在"刀轨可视化"对话框中,单击"过切和碰撞设置"按钮,系统将自动弹出"过切和碰撞设置"对话框。用户可在该对话框中设置相关的参数,如图 3-9 所示。

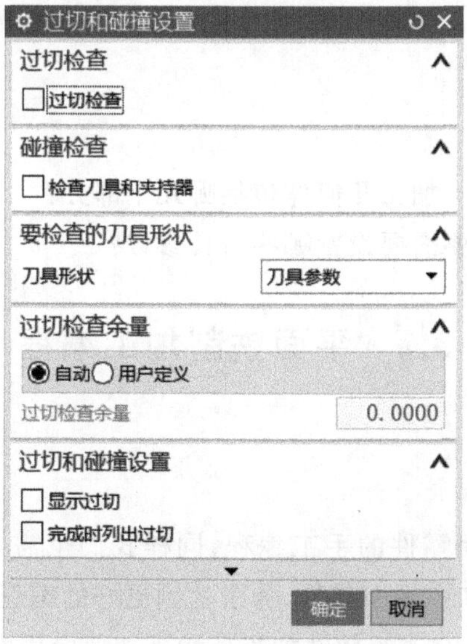

图 3-9 过切和碰撞设置

9.程序后处理文件

确认刀轨无误后,可以进行程序的后处理。选择相应的刀具轨迹后,单击工具栏中的"后

处理"按钮,系统将自动弹出"后处理"对话框。在该对话框中用户可以自定义后处理器以

及输出的位置和文件名,如图 3-10 所示。

图 3-10　后处理

【问题与思考】

(1)如何创建加工几何体? 加工几何体包括哪几个部分?

(2)选择刀具加工时最主要需要设置哪些刀具参数?

3.2　平面铣削加工编程

【学习目的】

我们前面已经学习了平面零件的手工编程,同样我们也需要掌握平面零件的软件编程。平面零件可以分为单一平面和多平面零件,为了达到更好的编程效果,它们编程所用的命令是不一样的。本项目主要讲解 UG NX 软件加工环境下如何应用面铣和平面铣完成零件的自动编程。

【学习任务】

(1)在 UG NX 12.0 中完成下图所示平面零件的数控加工自动编程。

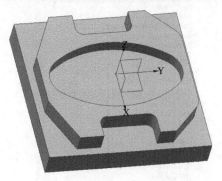

图 3-11　过切和碰撞设置

(2)FACE - MILLING：面铣，指定平面作为加工几何，比平面铣(PLANAR - MILL)子类型加工平面更为简单、方便。

(3)PLANAR - MILLING：平面铣操作基本形式，其他平面铣操作子类型可以理解为此种形式的特例。

【任务实施】

3.2.1　零件工艺分析

通过分析可知，该零件底面和侧面垂直，属于平面类零件，可采用面铣或者平面铣完成零件的编程。通过分析零件最小凹圆弧半径为 5 mm，在不考虑效率的情况下可采用 φ8 的键槽铣刀完成粗精加工。

3.2.2　平面零件加工编程

平面类零件可以采用面铣和平面铣两种加工方式之一完成，面铣通常用于单一平面或多个具有相同余量且平行的平面的铣削；平面铣主要针对多个具有不同余量且平行的平面的铣削。在应用过程中为了提高编程效率，两种方式可配合使用完成零件的粗精加工。下面分别用面铣和平面铣两种方案分别完成零件的编程。

1.面铣加工

1)进入加工模块

依次点击"应用模块"、加工按钮，软件弹出"加工环境"对话框(如图 3-12 所示)，直接点"确定"即可进入到加工模块界面。

2)面铣操作

(1)程序创建。

针对加工任务为单面加工，可以略过此步，直接利用软件自有的 PROGRAM 作为程序。

图 3-12　加工环境选择

（2）刀具创建。

点击创建刀具，弹出"创建刀具"对话框，并按照如图 3-13(a)所示选择刀具子类型和设置刀具名称，完成后点"确定"，进入到"铣刀参数"对话框，按照如图 3-13(b)所示设置刀具参数，完成后点"确定"。

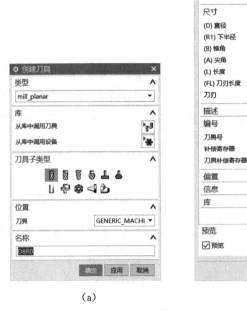

（a）　　　　　　　　　　（b）

图 3-13　刀具创建

（3）几何体创建。

将鼠标放到工序导航器中点右键，选择"几何视图"即可切换到几何视图（见图 3-14），在几何视图中双击 MCS_MILL，弹出"MCS 铣削"对话框（见图 3-15），通过指定 MCS 的方式将坐标系设置到自己需要的位置，本例不用调整。点击 MCS_MILL 前的"＋"号找到 WORKPIECE 并双击打开"工件"对话框，点击"指定部件"右侧的 ，弹出"部件几何体"对话框（见图 3-16(a)），选择对象指定加工模型即可；点击"指定毛坯"右侧的 弹出"毛坯几何体"对话框（见图 3-16(b)），在类型中选择"包容块"，点击"确定"按钮，毛坯几何体创建完毕，返回"工件"对话框，点击"确定"按钮，即完成 WORKPIECE 创建。

图 3-14　视图切换

图 3-15　加工坐标系

（a）

（b）

图 3-16　几何体设置

（4）加工方法创建。

加工方法中所对应的粗精加工的余量等设置可在工序操作中完成，因此该步可以省略，后续实例中该步均不再描述。

（5）创建面铣操作工序。

①凸台部分粗加工。

利用面铣完成平面的粗加工，需提前测量好总的切削深度，对于多平面且各个面切削深度不同时，需要利用面铣工序分别完成各个面的粗加工编程。经测量凸台部分切削深度为12 mm，凹槽部分切削深度为 8 mm。

点击创建工序按钮，弹出"创建工序"对话框，按照图 3-17 所示进行设置和选择，完成后点"确定"按钮，即可进入到"面铣"对话框。

点击指定面边界 按钮，选择凸台底面为毛坯边界，其余按图 3-18 所示设置相应参数；点击切削参数 按钮，按照图 3-19（a）所示设置开放刀路为"变换切削方向"，按照图 3-19（b）所示将部件余量和最终底面余量均设置为"0.2"。

在图 3-18 的刀轨设置中点击进给率和速度 按钮，按照具体情况设置主轴转速和相应的进给速度。

图 3-17　创建面铣工序

图 3-18　面铣参数设置

(a) (b)

图 3-19 切削参数设置

在图 3-18 中点击生成 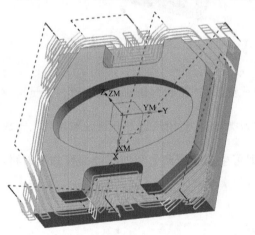 按钮,即可生成相应凸台粗加工刀路,如图 3-20 所示。

图 3-20 面铣刀具轨迹 图 3-21 凹槽部分粗加工刀具轨迹

②凹槽部分粗加工。

在凸台粗加工刀路 FACE_MILLING 上点右键,选择复制并粘贴,双击 FACE_MILLING_COPY 进入到面铣设置,重新指定面边界为凹槽底面为"毛坯边界"(毛坯边界在设置时要注意刀具侧的位置是否正确),设置毛坯距离为"8",然后点击生成 按钮即可生成相应凹槽粗加工刀路,如图 3-21 所示。

③底面精加工。

在凸台粗加工刀路 FACE_MILLING 上点右键,选择复制并粘贴,双击 FACE_MILLING_COPY_COPY 进入到面铣加工工序,点击"指定面边界"弹出"毛坯边界"对话框,并指定凹槽底面为新集中对应的毛坯边界(注意刀具侧,图 3-22)。在面铣对话框中设置每刀切削深度为"0";在切削参数中设置最终底面余量为"0",部件余量还是"0.2"。然后点击生成 按钮即可生成相应凸台和凹槽底面精加工刀路,如图 3-23 所示。

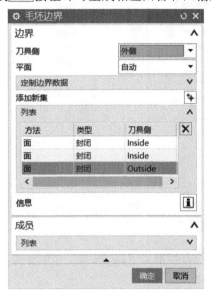

图 3-22 毛坯边界

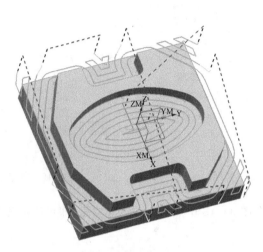

图 3-23 底面精加工刀具轨迹

④侧面精加工。

复制并粘贴底面精加工刀路,然后将切削模式更改为"轮廓",切削参数中部件余量更改为"0";点击非切削移动 按钮,设置封闭区域进刀类型为"封闭区域与开放区域相同"、开放区域进刀类型为"圆弧";然后点击生成 按钮,即可生成相应凸台和凹槽侧面精加工刀路,如图 3-24 所示。

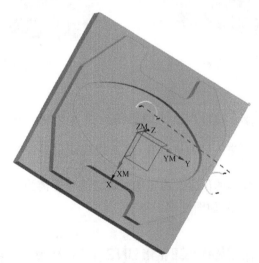

图 3-24 侧面能精加工刀具轨迹

2.平面铣加工

点击创建工序按钮,弹出"创建工序"对话框,按照图 3 – 25 所示进行设置和选择,完成后点"确定"按钮即可进入到"平面铣"对话框。

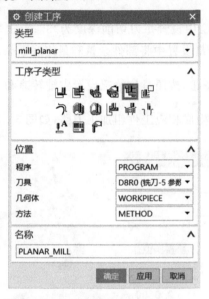

图 3 – 25　底面精加工刀具轨迹

在"平面铣"对话框中点击指定部件边界 按钮,选择顶面和凹槽底面;点击指定毛坯边界 按钮,选择工件底面为"边界几何体",在对话框"毛坯边界"(见图 3 – 26)中"平面"右侧

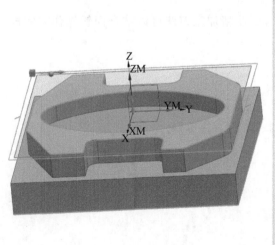

（a）　　　　　　　　　　　　　　　　　（b）

图 3 – 26　毛坯边界设置

选项中选择"指定"后点击工件上表面(将所选底面偏置到顶面),然后点击"确定"按钮返回到"平面铣"对话框;点击指定底面 ![] 按钮,选择平面对象为凸台底面。

切削模式选择"跟随部件",步距可以按照默认的值;点击切削层 ![] 按钮,弹出"切削层"对话框(见图 3-27),在切削层中设置每刀切削深度为"3";点击切削参数 ![] 按钮,设置开放刀路为"变换切削方向",在余量设置中将部件余量和最终底面余量均设置为"0.2"。

点击进给率和速度 ![] 按钮,按照具体情况设置主轴转速和相应的进给速度。

点击生成 ![] 按钮,即可生成相应工件粗加工刀路,如图 3-28 所示。

图 3-27　切削层设置　　　　　　　图 3-28　粗加工刀具轨迹

平面铣不太适合做多平面的精加工,因此精加工刀路可以结合面铣操作来完成,前面已有,不再赘述。

【问题与思考】

(1)平面铣使用何种类型的几何体?

(2)应用本次课程所学知识完成图 3-29 的程序编制。

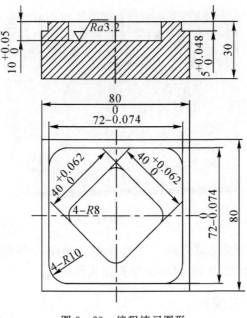

图 3 - 29　编程练习图形

3.3　孔加工自动编程

【学习目的】

孔加工是数控加工中最常见的加工,大部分零件上的特征都有孔,因此孔加工编程是非常重要的也是必须要掌握的知识。本项目主要讲解 UG NX 软件加工环境下如何应用 DRILL 类型下的工序子类型完成各种孔的自动编程。

【学习任务】

(1)在 UG NX 12.0 中完成如图 3 - 30 所示含孔零件的数控加工自动编程。

(2)DRILLING 中可以通过参数设置完成一般孔和深孔加工、镗孔加工和攻丝加工等刀具轨迹的生成,根据工艺需求选择相应的循环类型。如果循环类型中选择的是标准的孔加工方式,后处理出来的程序均为相应的固定循环指令。非标准的孔加工方式后处理出来的程序为直线运动和快速点定位指令。

【任务实施】

3.3.1　零件工艺分析

通过分析可知,该零件底面和侧面垂直,且含有多个孔,属于平面含孔类零件,可采用面铣或者平面铣完成零件平面部分的编程,利用孔加工方式完成孔的编程。通过分析零件最小凹圆弧半径为 12 mm(不考虑孔),在此采用 ϕ16 mm 的键槽铣刀完成平面的粗精加工;中心大

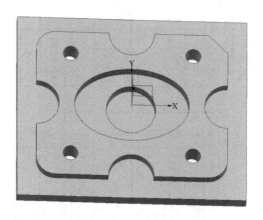

图 3 - 30　编程任务

孔为 φ26 mm 可以采用铣削的方式完成；4 个孔为 φ8 mm，由于零件图中没有公差要求因此选择 φ3 中心钻完成中心孔加工、选择 φ8 mm 钻头完成孔加工。

3.3.2　平面部分加工编程

该零件平面部分由于包含多个不同高度的平面，结合图上标注，因此采用平面铣完成粗加工（底面不留余量），侧面留 0.2 mm 余量；利用面铣完成侧面精加工。

1.平面部分加工

1）进入加工模块

依次点击"应用模块"、按钮，软件弹出"加工环境"对话框，直接点"确定"即可进入到加工模块界面。

2）平面铣操作（平面部分粗加工）

（1）程序创建。

针对加工任务为单面加工，可以略过此步，直接利用软件自有的 PROGRAM 作为程序。

（2）刀具创建。

零件加工所用刀具可一次创建完毕。

点击按钮，弹出"创建刀具"对话框，并按照图 3 - 31(a)、3 - 32(a)、3 - 33(a)所示选择刀具子类型和设置刀具名称，完成后点"确定"，进入到相应刀具设置的对话框，按照图 3 - 31(b)、3 - 32(b)、3 - 33(b)所示设置相应刀具参数，完成后点"确定"。

（3）几何体创建。

几何体创建之前可先在零件底部做一个简单形状的拉伸，只需要把中心圆孔盖上即可，如图 3 - 34 所示。注：拉伸完后可将圆孔底面再下降 1 mm。

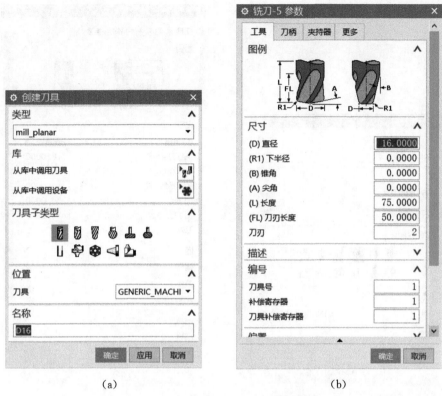

（a）　　　　　　　　　　　　（b）

图 3 - 31　创建直径 16 mm 的键槽铣刀

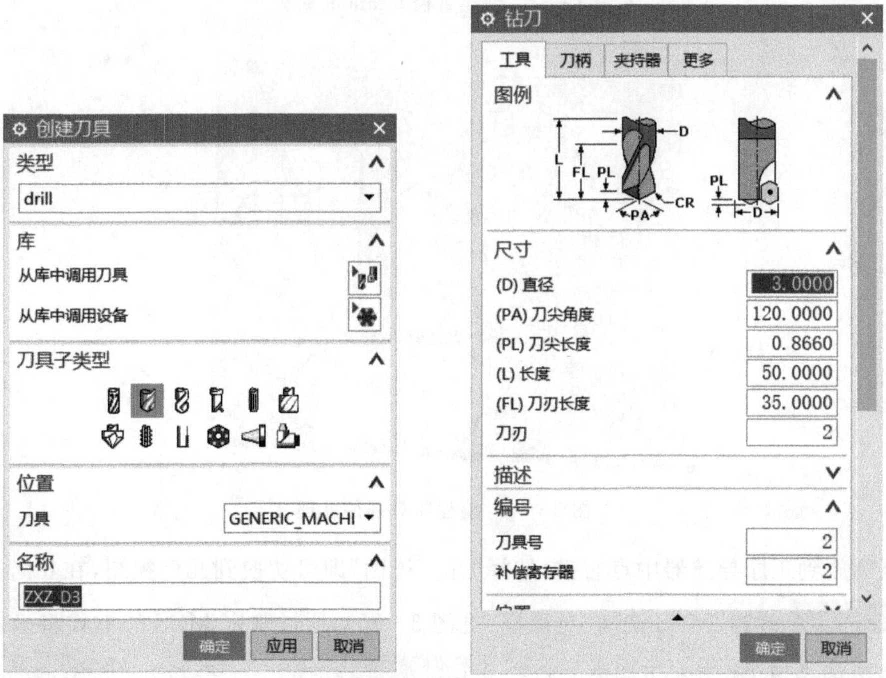

（a）　　　　　　　　　　　　（b）

图 3 - 32　创建直径 3 mm 的钻头代替中心钻

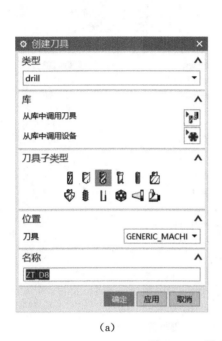

（a）　　　　　　　　　　（b）

图 3 - 33　创建直径 8 mm 的钻头

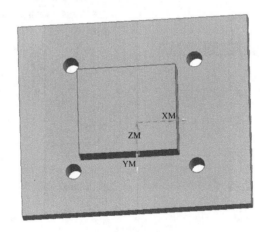

图 3 - 34　编程前对部件处理

将鼠标放到工序导航器中点右键,选择"几何视图"即可切换到几何视图,在几何视图中双击 ⊕ MCS_MILL ,弹出"MCS 铣削"对话框（见图 3 - 35）,通过制定 MCS 的方式将坐标系设置到自己需要的位置,本例不用调整。点击 ⊕ MCS_MILL 前的"+"号找到 WORKPIECE 并双击打开"工件"对话框（见图 3 - 36）,点击"指定部件"右侧的 ,弹出"部件几何体"对话框

（见图 3-37），选择对象指定加工模型即可；点击"指定毛坯"右侧的 ⊕ 弹出"毛坯几何体"对话框（见图 3-38），在类型中选择"包容块"，点击"确定"按钮，毛坯几何体创建完毕，返回"工件"对话框，点击"确定"按钮即完成 WORKPIECE 创建。

图 3-35　加工坐标系

图 3-36　WORKPIECE 设置

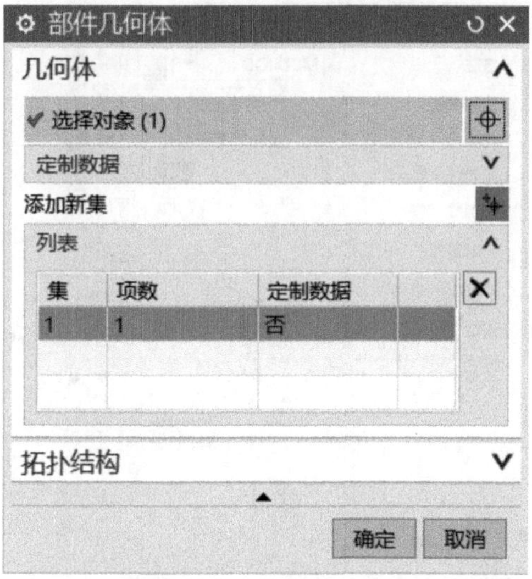

图 3-37　部件几何体设置

图 3-38　毛坯几何体设置

（4）创建平面铣操作工序。

点击 创建工序 按钮，弹出"创建工序"对话框，按照图 3-39（a）所示进行设置和选择，完成后点击"确定"按钮即可进入到"平面铣"对话框（见图 3-39（b））。

如图 3-39（b）所示，点击指定部件边界 按钮，依次从上往下选择除了中心圆孔的各个能看见的垂直于 Z 轴的平面;点击指定毛坯边界  按钮,选择工件底面为边界几何体,在对话框中在"平面"右侧选项中选择"指定"后点击工件上表面(将所选底面偏置到顶面),然后点击"确定"按钮返回到"平面铣"对话框;点击指定底面 按钮,选择平面对象为中心圆孔底面。

在图 3-39(b)中切削模式选择"跟随部件",步距可以按照默认的值;点击切削层 按钮,在切削层中设置每刀切削深度为"3";点击切削参数 按钮,在策略选项中设置切削顺序为"深度优先"、连接选项中设置开放刀路为"变换切削方向",余量选项中设置部件余量设置为"0.2"。

(a)   (b)

图 3-39　平面铣工序选择

点击进给率和速度 按钮按照具体情况设置主轴转速和相应的进给速度。

点击生成 按钮,即可生成相应的粗加工刀路,如图 3-40 所示。

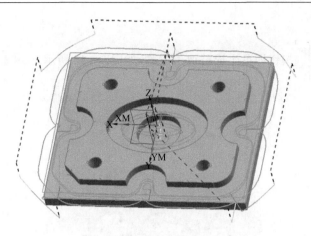

图 3-40　粗加工刀具轨迹

2.面铣操作(平面部分精加工)

点击创建工序按钮,弹出"创建工序"对话框,按照图 3-41 所示进行设置和选择,完成后点"确定"按钮即可进入到"面铣"对话框。

图 3-41　面铣工序选择

点击指定面边界 按钮,依次从上往下选择垂直于 Z 轴的平面,包含中心圆孔底面。
注:在列表中一个面为一个新集。

切削模式选择"轮廓";非切削移动中设置进退刀均为圆弧切入。进给率和速度按照实际进行设置即可。

最后点击生成按钮即可生成精加工刀路,如图 3-42 所示。

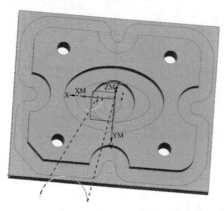

图 3-42 精加工刀具轨迹

2.孔加工

(1)钻中心孔。

点击创建工序按钮,弹出"创建工序"对话框,按照图 3-43 所示进行设置和选择,完成后点"确定"按钮即可进入到"钻孔"对话框。

(a)

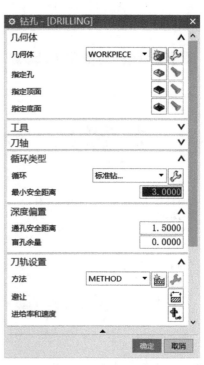

(b)

图 3-43 创建钻孔加工工序

点击指定孔![icon]按钮,进入到"点到点几何体"对话框(见图 3 - 44(a)),点击"选择"按钮后,依次选择 4 个孔口的圆形边界即可(见图 3 - 44(b)),选完后点两次"确定"按钮返回到"钻孔"对话框。

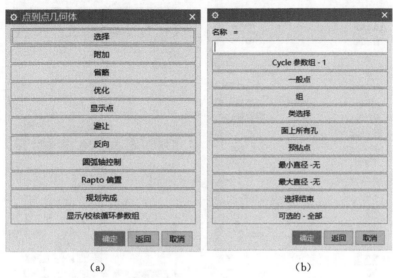

(a) (b)

图 3 - 44　指定孔位置

点击指定顶面![icon]按钮,打开"顶面"对话框(见图 3 - 45),在顶面选项中选择"面",然后选择工件的顶面即可。

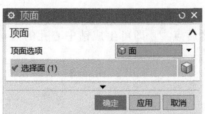

图 3 - 45　指定孔顶面

点击指定底面![icon]按钮,打开"底部曲面"对话框(见图 3 - 46),在底面选项中选择"面",然后选择工件的底面即可。

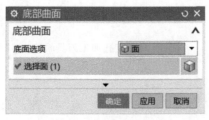

图 3 - 46　指定孔底面

如图 3 - 47 所示,在循环类型中选择循环为"标准钻",然后依次点击![icon]、"确定"、

"Depth"、"刀尖深度",设置深度为"3"后,点两次"确定"返回到"钻孔"对话框。

图 3-47 孔加工参数设置

设置合适的进给率和速度后点![图标]即可生成钻中心孔的刀具轨迹。

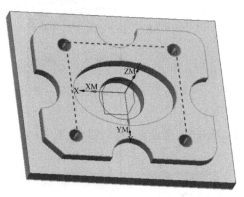

图 3-48 点孔加工刀具轨迹

(2)钻孔加工。

在钻中心孔刀路![DRILLING]上点右键,选择复制并粘贴,双击![DRILLING_COPY]进入到钻孔对话框(见图 3-49),设置循环类型为"标注钻,深孔…",在指定参数组对话框中点"确定"按钮,进入到"Cycle 参数"对话框(见图 3-50)。点击"Depth"按钮设置 Cycle 深度为"模型深度";点击"Step 值"按钮,设置"Step♯1"的值为"2"后,点两次"确定"按钮返回"钻孔"对话框。

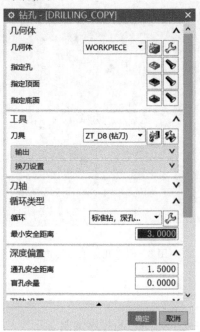

图 3-49 钻孔工序参数设置

(a)

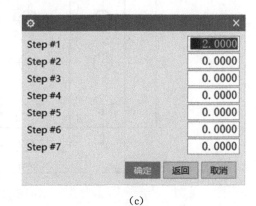

(b)   (c)

图 3-50 深孔加工参数设置

设置合适的进给率和速度后点 ![按钮] 按钮,即可生成钻孔的刀具轨迹(见图 3-51)。

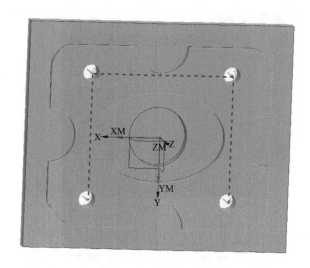

图 3-51　孔加工刀具轨迹

【问题与思考】

应用本次课程所学知识完成下列图形的程序编制。

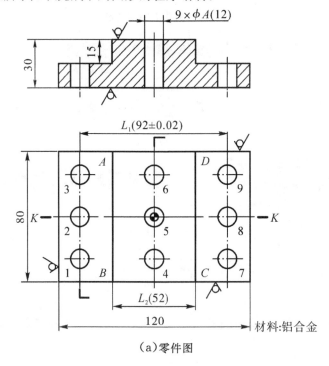

（a）零件图

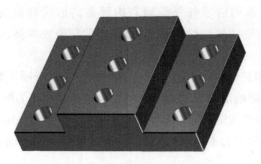

(b)立体图

图 3 - 52　加工编程练习图

3.4　曲面类零件铣削加工编程

【学习目的】

含有曲面的零件在编程的过程中不能像平面零件一样可以很容易地算出每个特征点的坐标,因此我们需要借助软件的强大运算能力算出坐标,然后根据刀具的形状和尺寸得出我们想要的刀具轨迹。本项目主要讲解 UG NX 软件加工环境下如何应用型腔铣功能完成曲面类零件的粗加工和精加工刀具轨迹。

【学习任务】

(1)在 UG NX 12.0 中完成曲面零件的数控加工自动编程。

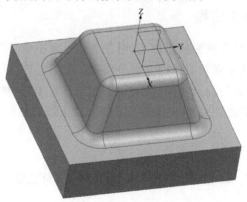

图 3 - 53　曲面加工编程任务

(2)CAVITY_MILL:型腔铣,能够加工零件的侧壁与底面,并能计算出每个切削层上不同的刀轨形状。其主要用于粗加工和半精加工。

(3)UG 中提供了多种切削方式:

①跟随周边:产生一系列同心封闭的环行刀轨,这些刀轨的形状是通过偏移切削区的外轮廓获得的。跟随周边的刀轨是连续切削的刀轨,且基本能够维持单纯的逆铣或顺铣,因此既有较高的切削效率也能维持切削稳定和加工质量。这种方式常用于型芯的加工。

②跟随部件:产生一系列由零件外轮廓和内部岛屿形状共同决定的刀轨往复式切削:Zig-Zag产生一系列平行连续的线性往复式刀轨,因此切削效率高。这种方式多用于复杂模型的加工。

这种切削方法顺铣和逆铣并存。改变操作的顺铣和逆铣选项不影响其切削行为,但是如果启用操作中的清壁,会影响清壁刀轨的方向以维持清壁是纯粹的顺铣和逆铣。

③轮廓加工:产生单一或指定数量的绕切削区轮廓的刀轨(主要是实现对侧面轮廓的精加工)。

④单向:产生一系列单向的平行线性刀轨,因此回程是快速横越运动。Zig 基本能够维持单纯顺铣或逆铣。

⑤往复式:产生一系列平行连续的线性往复式刀轨,因此切削效率高。这种切削方法顺铣和逆铣并存。改变操作的顺铣和逆铣选项不影响其切削行为。但是如果启用操作中的清壁,会影响清壁刀轨的方向以维持清壁是纯粹的顺铣和逆铣。

(4)切削层:型腔铣可以将总切削深度划分成多个切削范围,同一个范围内的切削层的深度相同。不同范围内的切削层的深度可以不同。

【任务实施】

3.4.1 零件工艺分析

通过分析可知,该零件属于三轴曲面类零件,采用面铣或者平面铣无法完成零件的粗精加工编程,需要采用曲面加工工序之一型腔铣来完成。通过分析零件最小凹圆弧半径为 5 mm,为了提高效率先采用 φ16 键槽铣刀粗加工、采用 φ8 的键槽铣刀二次开粗、R4 球头铣刀最后完成精加工。

3.4.2 曲面零件加工编程

曲面类零件需要采用型腔铣完成粗加工,但在应用过程中为了提高效率,平面部分的用面铣的方式完成编程,型腔铣主要对有曲面的部分编程。

因此该零件的加工方案为:φ16 键槽铣刀面铣粗加工—φ8 键槽铣刀型腔铣二次开粗(曲面部分)—φ16 键槽铣刀面铣精加工(平面部分)—R4 球头铣刀型腔铣精加工(曲面部分)。

(1)进入加工模块。

依次点击"应用模块"、加工按钮,软件弹出"加工环境"对话框,直接点"确定"即可进入到加工模块界面。

(2)编程准备。

①程序创建。

针对加工任务为单面加工,可以略过此步,直接利用软件自有的 PROGRAM 作为程序。

②刀具创建。

零件加工所用刀具可一次创建完毕。

点击创建刀具按钮,弹出创建刀具对话框,并按照图 3-54~3-56 所示选择刀具子类型和设置刀具名称,完成后点"确定"。进入到刀具设置对话框,按照图所示设置相应刀具参数,完成后点"确定"。

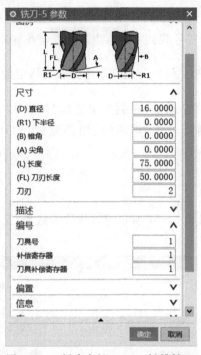

图 3-54　创建直径 16 mm 键槽铣刀

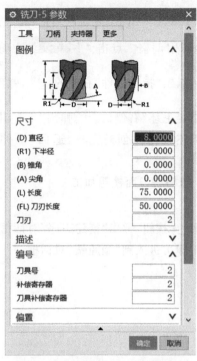

图 3-55　创建直径 8 mm 键槽铣刀

图 3-56　创建直径 8 mm 球头铣刀

③几何体创建。

将鼠标放到工序导航器中点右键,选择"几何视图"即可切换到几何视图,在几何视图中双击 MCS_MILL,弹出 MCS 铣削对话框,通过制定 MCS 的方式将坐标系设置到自己需要的位置,本例不用调整。点击 MCS_MILL 前的"＋"号找到 WORKPIECE 并双击打开"工件"对话框,点击"指定部件"右侧的 ,弹出"部件几何体"对话框,选择对象指定加工模型即可;点击"指定毛坯"右侧的 弹出"毛坯几何体"对话框,在类型中选择"包容块",点击"确定"按钮,毛坯几何体创建完毕,返回"工件"对话框点击"确定"按钮即完成 WORKPIECE 创建。

1.φ16 键槽铣刀面铣粗加工

点击 创建工序 按钮,弹出"创建工序"对话框,按照图 3 - 57 所示进行设置和选择,完成后点击"确定"按钮即可进入到"型腔铣"对话框。

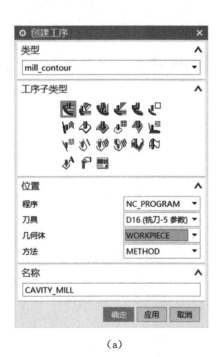

（a）

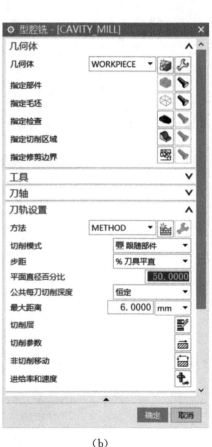

（b）

图 3 - 57 创建型腔铣加工工序

点击切削参数 按钮,在"空间范围"选项中设置"过程工件"为"使用 3D",如图 3 - 58 所示;余量选项中设置部件侧面余量为"0.5"、部件底面余量"0.2"。

(a)   (b)

图 3-58 余量及 IPW 设置

如图 3-59 所示,设置切削模式为"跟随部件";步距、每刀切深等按照默认的值即可;设置合适的进给率和速度后点 按钮,即可生成粗加工的刀具轨迹,如图 3-60 所示。

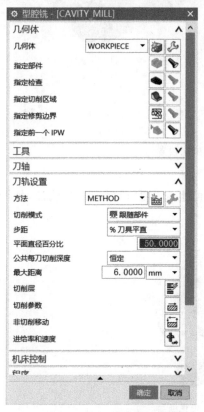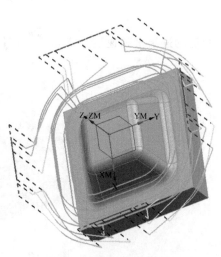

图 3-59 型腔铣参数设置　　　　　图 3-60 粗加工刀具轨迹

2. φ8 键槽铣刀型腔铣二次开粗(曲面部分)

在粗加工刀路 ![CAVITY_MILL] 上点右键,选择复制并粘贴,双击 ![CAVITY_MILL_COPY] 进入到型腔铣设置对话框。在工具选项中将刀具换为 D8 的键槽铣刀。

点击切削参数 ![按钮] 按钮,进入到"切削参数"设置对话框,设置部件侧面余量和部件底面余量均为"0.2"。

点击切削层 ![按钮] 按钮,进入"切削层"设置对话框,在"列表"选项中点击添加新集 ![图标],在顶部圆角下端水平线处中点处点击,如图 3-61 所示,可以添加新层;采用同样方式在下面圆角顶部水平线中点处点击添加新的切削层。从上往下设置第一层(顶部圆角部分)和第三层(下部圆角部分)的每刀切削深度为"1",第二层切削深度为"2"。

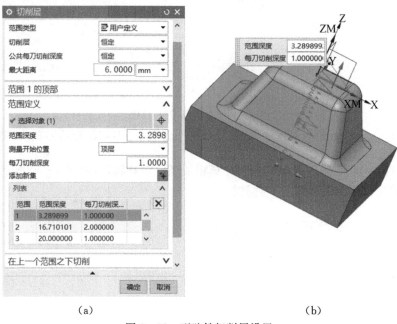

（a）　　　　　　　　　　　　　　　（b）

图 3-61　型腔铣切削层设置

设置合适的进给率和速度后点击 ![按钮] 按钮,即可生成二次开粗的刀具轨迹,如图 3-62 所示。

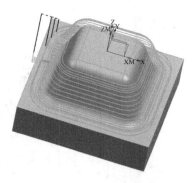

图 3-62　二次开粗刀具轨迹

3.φ16 键槽铣刀面铣精加工(平面部分)

点击 创建工序按钮,弹出"创建工序"对话框,按照图 3-63 所示进行设置和选择,完成后点"确定"按钮即可进入到"面铣"对话框。

（a）

（b）

图 3-63　创建面铣加工工序

在"面铣"对话框中点击指定面边界 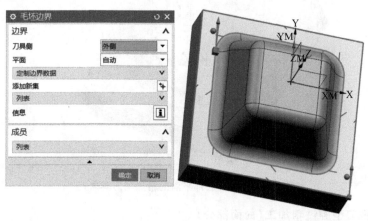 按钮,选择凸台底面为毛坯边界,其余按图 3-64所示设置相应参数。

图 3-64　指定面铣加工面边界

点击切削参数  按钮,为了减少空行程,设置策略选项中切削区域的刀具延展量为刀具百分比的60,如图3-65所示;点击非切削移动 按钮,设置进刀选项中开放区域的进刀类型为"圆弧",且半径可调整也可按照默认值,如图3-66所示。

图3-65 切削参数设置   图3-66 非切削参数设置

点击进给率和速度 按钮,按照具体情况设置主轴转速和相应的进给速度。

点击生成 按钮,即可生成相应凸台底部平面的精加工刀路,如图3-67所示。

图3-67 凸台底部平面的精加工刀具轨迹

4.R4 球头铣刀型腔铣精加工(曲面部分)

在二次开粗刀路 CAVITY_MILL_COPY 上点右键,选择复制并粘贴到

FACE_MILLING后面，双击 **CAVITY_MILL_COPY_COPY** 进入到"型腔铣"设置对话框。在工具选项中将刀具换为 R4 的球头铣刀；切削模式改为"轮廓"。

点击切削层 按钮，将切削层第一和第三层的每刀切深均改为"0.1"，第二层的每刀切深改为"0.2"，如图 3 - 68 所示。

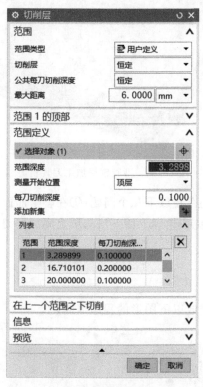

图 3 - 68　型腔铣切削层设置

在"面铣"对话框中点击非切削移动 按钮，设置进刀选项中开放区域的进刀类型为"圆弧"，且半径可调整也可按照默认值。

点击切削参数 按钮，将切削参数选项中处理中的工件"使用 3D"改为"无"；将余量选项中的余量均改为"0"，公差的内、外公差均改为"0.02"。

点击进给率和速度 按钮，按照具体情况设置主轴转速和相应的进给速度。

点击生成 按钮，即可生成相应凸台部分的精加工刀路，如图 3 - 69 所示。

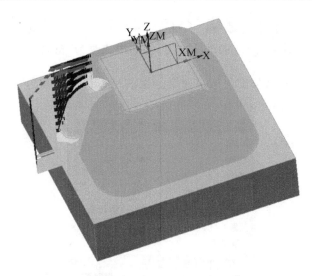

图 3-69   型腔铣精加工刀具轨迹

从图上可以看出刀具轨迹存在以下几个问题：①在整个曲面范围内刀路分布不均，越平坦的位置刀路越稀疏；②为了避免在轮廓上留下层与层之间的接刀痕，每层都是圆弧切入和圆弧切出，这样造成了空行程较多。

【问题与思考】

应用本次课程所学知识完成以下图形的程序编制。

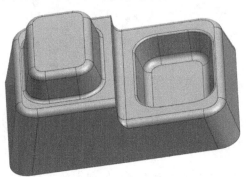

图 3-70   编程练习图形

3.5　可乐瓶底的铣削加工编程

【学习目的】

型腔铣在做曲面零件精加工时主要缺点为：刀具轨迹在工件表面曲率变化时引起刀具轨迹不均匀，每层刀轨结束都需要抬刀，为了达到合适的刀具轨迹间距切削层参数设置复杂。为了能改善这些问题，本项目主要讲解 UG NX 软件加工环境下如何应用固定轮廓铣功能完成曲面零件的精加工刀具轨迹。

【学习任务】

（1）在 UG NX 12.0 中完成可乐瓶底的数控加工自动编程。

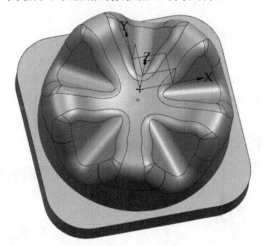

图 3-71　曲面加工编程任务

（2）固定轮廓（Fixed Contour）铣全称为固定轴曲面轮廓铣，在铣削的过程中刀轴与指定的方向始终保持平行，即刀轴固定。固定轮廓铣适用于精加工由轮廓曲面形成的区域的加工方式，它允许通过精确控制刀具轴和投影矢量以使刀具沿着非常复杂的曲面的复杂轮廓运动。固定轮廓铣一般采用球头铣刀，进行零件的半精加工和精加工。

（3）固定轴轮廓铣有多种驱动方法，应用于不同类型的加工，驱动如：曲线/点、螺旋式、边界、区域铣削、曲面、流线、刀轨、径向切削、清根和文本等 10 种驱动方法。

【任务实施】

3.5.1　零件工艺分析

通过分析可知，可乐瓶底部分主要由曲面组成，粗加工可以采用型腔铣完成。由于可乐瓶底平坦区域较多，因此不适合采用型腔铣的方式完成精加工，可选用三轴曲面精加工方式——

固定轮廓铣完成精加工。

可乐瓶底底部方形特征的加工不再赘述,剩余部分经分析加工方案为:φ10 键槽铣刀粗加工—φ10 键槽铣刀侧面及底面精加工—R5 球头铣刀曲面半精加工—R3 球头铣刀曲面精加工。

3.5.2 可乐瓶底加工编程

(1)进入加工模块。

依次点击"应用模块"、加工按钮,软件弹出"加工环境"对话框,直接点"确定"即可进入到加工模块界面。

(2)编程准备。

①程序创建。

直接利用软件自有的 PROGRAM 作为程序。

②刀具创建。

零件加工所用刀具可一次创建完毕。

点击创建刀具按钮,弹出"创建刀具"对话框,选择刀具子类型和设置刀具名称,完成后点"确定"。进入到不同刀具参数设置的对话框,按照图 3 - 72、3 - 73、3 - 74 所示设置相应刀具参数,完成后点"确定"。

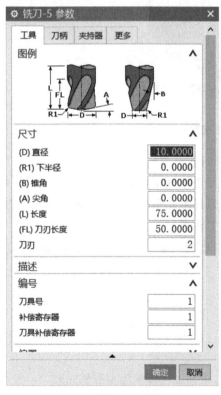

图 3 - 72 创建 φ10 键槽铣刀

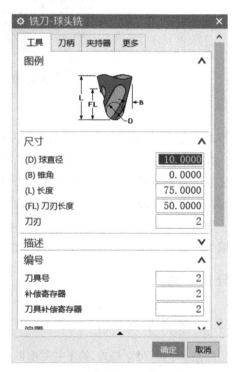

图 3 - 73 创建 R5 球头铣刀

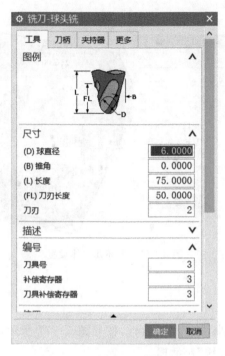

图 3-74 创建 R3 球头铣刀

③几何体创建。

本例中 MCS 位置无需调整,参数按照默认即可。

选择安全设置中的安全设置选项为"包容圆柱体",安全距离为 10 mm,点击"确定"完成 MCS 铣削的设定。

点击 MCS_MILL 前的"+"号找到 WORKPIECE 并双击打开"工件"对话框,点击"指定部件"右侧的 按钮,弹出"部件几何体"对话框,如图 3-75 所示,选择对象指定可乐瓶底所用部件;点击"指定毛坯"右侧的 按钮,弹出"毛坯几何体"对话框,如图 3-76 所示,在类型中选择"包容块",在"ZM+"上输入"0.5",将工件在 Z 轴正向上增加 0.5 mm,点击"确定"按钮。再次点击"确定"按钮即完成 WORKPIECE 创建。

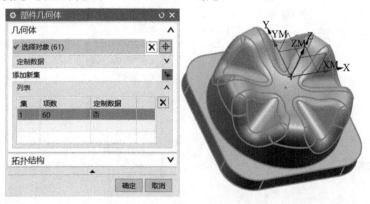

图 3-75 部件几何体选择

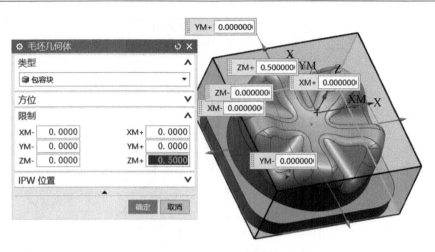

图 3 - 76 毛坯几何体设置

1.φ10 键槽铣刀粗加工

点击创建工序按钮,弹出"创建工序"对话框,按照图 3 - 77 所示进行设置和选择,完成后点"确定"按钮即可进入到"型腔铣"对话框。

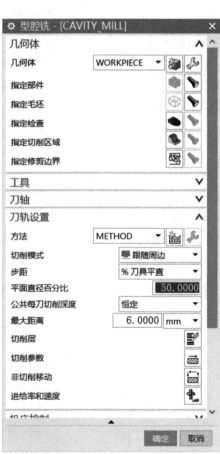

图 3 - 77 创建型腔铣加工工序

点击指定切削区域 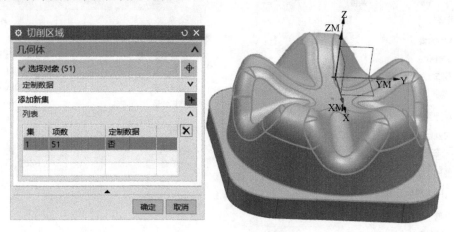 按钮,弹出切削区域选择对话框,选择除了底部四方以外的所有特征为切削区域,完成后点击"确定"按钮。

图 3-78　切削区域选择

切削模式选择"跟随周边"。

点击切削层 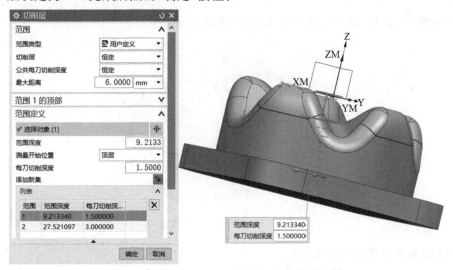 按钮,弹出"切削层"对话框,软件自动给切削区域分成了两个切削层(针对本例可不修改切削层位置),分别指定两层的每刀切削深度,上层平坦区域较多设定切深为"1.5",下层设定为"3",完成后点击"确定"按钮。

图 3-79　切削层设置

点击切削参数 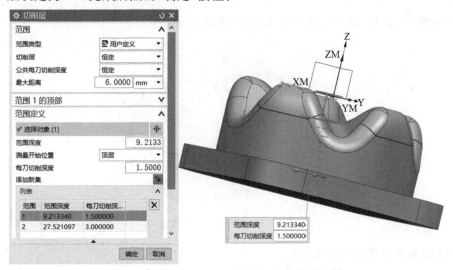 按钮,弹出"切削参数"对话框,在策略选项的延伸路径中设定在边上延伸 2 mm;在余量选项中设定部件底面及侧面余量为"0.3",完成后点击"确定"按钮。

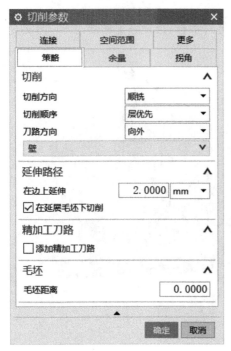
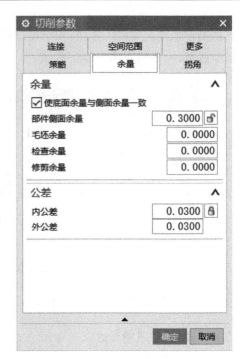

图 3-80 切削参数设置

点击进给率和速度 按钮,按照具体情况设置主轴转速和相应的进给速度。

点击生成 按钮,即可生成粗加工刀路,如图 3-81 所示。

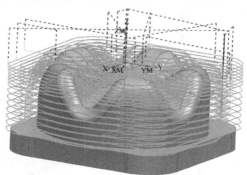

图 3-81 粗加工刀具轨迹

2. φ10 键槽铣刀侧面及底面精加工

复制粗加工刀路 CAVITY_MILL 并粘贴在粗加工刀路后面,双击打开复制的刀路。切削

模式更改为"跟随部件";点击切削层 按钮,弹出"切削层"对话框(见图 3-82),软件自动给切削区域分成了两个切削层,删除掉上一层切削区域后只剩下一个切削层,设定切深为"30"(这个值大于等于范围深度即可),完成后点击"确定"按钮。

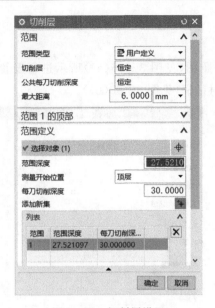

图 3-82　切削层设置

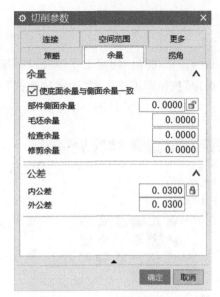

图 3-83　切削参数设置

点击切削参数 ⬜ 按钮,弹出"切削参数"对话框(见图 3-83),在余量选项中设定部件底面及侧面余量为 0,完成后点击"确定"按钮。

点击非切削移动 ⬜ 按钮,弹出"非切削移动"对话框(见图 3-84),设置开放区域的进刀类型为"圆弧",完成后点击"确定"按钮。

点击进给率和速度 ✚ 按钮,按照具体情况设置主轴转速和相应的进给速度。

点击生成 ⬇ 按钮,即可生成精加工刀路,如图 3-85 所示。

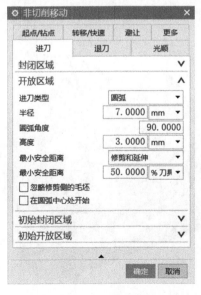

图 3-84　进刀设置

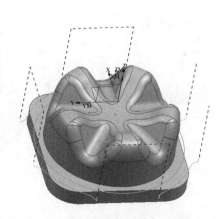

图 3-85　底平面及侧面精加工刀具轨迹

3.R5 球头铣刀曲面半精加工

点击创建工序按钮,弹出"创建工序"对话框,按照图(见图 3-86(a))所示进行设置和选择,完成后点"确定"按钮即可进入到"固定轮廓铣"对话框(见图 3-86(b))。

(a)   (b)

图 3-86 创建固定轮廓铣加工工序

点击指定切削区域 按钮,弹出"切削区域"设定对话框(见图 3-87),指定瓶底曲面部分为切削区域,完成后点击"确定"按钮。

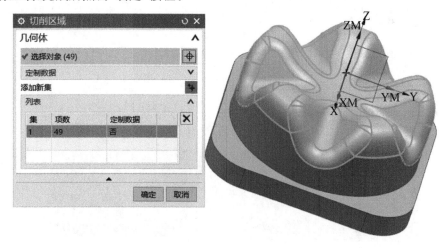

图 3-87 切削区域选择

　　在驱动方法的方法选项中选择"区域铣削",弹出"区域铣削驱动方法"对话框,设定步距方式为"残余高度",最大残余高度为"0.02",步距已应用为"在部件上",完成后点击"确定"按钮,如图3-88所示。

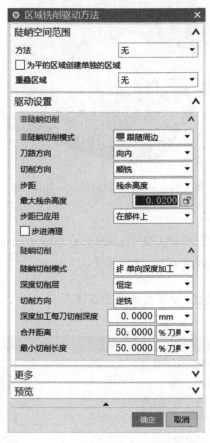

图 3-88　区域铣削驱动方法参数设置

　　点击切削参数 按钮,弹出"切削参数"对话框,在余量选项中设定部件余量为"0.1",完成后点击"确定"按钮。

　　点击进给率和速度 按钮,按照具体情况设置主轴转速和相应的进给速度。

　　点击生成 按钮,即可生成半精加工刀路,如图3-89所示。

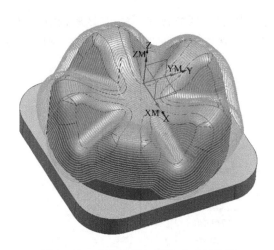

图 3-89　曲面半精加部分工刀具轨迹

4.R3 球头铣刀曲面精加工

复制半精加工刀路并粘贴到半精加工刀路后面,双击打开复制的刀路,在工具选项中将刀具更换为 R3 球头铣刀。

点击区域铣削编辑按钮,设置最大残余高度为"0.002",完成后点击"确定"按钮(见图 3-90)。

图 3-90　区域铣削驱动方法参数设置

点击切削参数按钮,弹出"切削参数"对话框,在余量选项中设定部件余量为"0",完成后点击"确定"按钮。

点击进给率和速度按钮,按照具体情况设置主轴转速和相应的进给速度。

点击生成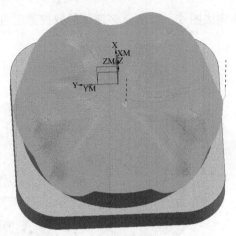按钮,即可生成精加工刀路,如图 3-91 所示。

图 3-91　曲面部分精加工刀具轨迹

【问题与思考】

应用本次课程所学知识完成以下图形的程序编制。

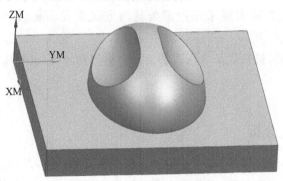

图 3-92　曲面加工编程图形

3.6　多面体零件加工编程

【学习目的】

在五轴加工中经常遇到某些特殊的零件,其加工特征需要改变刀轴方向才能让刀具完全能够将多余的材料从工件表面去除掉。在加工时不需要五个坐标轴同时参与加工,只需要在切削前让两个旋转轴根据需要旋转一定的角度即可,并在切削过程中刀轴方式始终保持这个角度不变。本项目主要讲解 UG NX 软件加工环境下,如何应用前面所学的平面加工方式和曲面加工方式去实现"3+2"轴的加工方式。

【学习任务】

(1)在 UG NX 12.0 中完成图 3-93 所示多面体的数控加工自动编程。

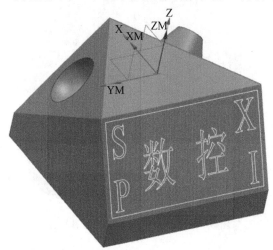

图 3-93 多面体零件编程任务图形

(2)刀轴:一般情况下是指刀具相对工件的位置。刀轴控制方式有+ZM、指定矢量和动态三种。"3+2"轴的加工方式需要采用指定矢量的方式或者动态的方式按照需要进行刀轴指定。

(3)刀轴矢量:刀轴矢量被定义为从刀端指向刀柄的方向,它主要用来控制刀轴的方向。

【任务实施】

3.6.1 零件工艺分析

多面体零件属于多工位零件加工,变换工位即变换刀轴方向,刀轴在合适的方向某些特征就可以按照三轴的方式完成加工,因此最主要的问题在于选择合适的刀轴方向去加工合适的特征。

通过分析可知,该多面体包含三个倾斜面,在三个倾斜面上有相应的特征,因此需要选择三个刀轴方向完成各个倾斜面的加工,刀轴方向分别为三个倾斜面的法线方向。

下面将带字的倾斜面定义为面 1,有半球面的倾斜面定义为面 2,有上圆下方的放样特征的倾斜面定义为面 3。

面 1 的加工方案为:ϕ20 键槽铣刀粗加工—ϕ20 键槽铣刀精加工—ϕ4 雕刻刀(60°)刻字;面 2 的加工方案为:ϕ20 键槽铣刀粗加工—ϕ8 键槽铣刀二次开粗—ϕ20 键槽铣刀精加工平面—ϕ8 球头铣刀精加工球面;面 3 的加工方案为:ϕ20 键槽铣刀粗加工—ϕ20 键槽铣刀二次开粗及精加工平面—ϕ6 球头铣刀精加工上圆下方的放样特征曲面(经分析放样特征倒圆为R4)。

编程之前在建模环境中要先做出毛坯。点击 **拉伸** 按钮,软件弹出"拉伸"对话框(见图

3-94),在截面中选择曲线选择多面体底面四边形的四条边,指定拉伸距离为"130 mm",布尔运算选"无",完成后点击"确定"即完成毛坯长方体的创建。

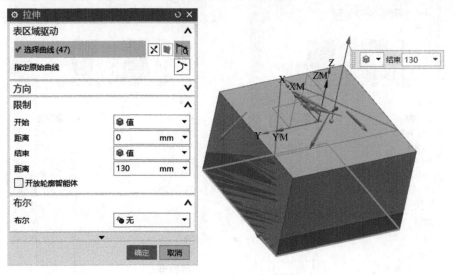

图 3-94　建模环境下创建毛坯

3.6.2　多面体加工编程

多面体中面 1、面 2、面 3 所对应的特征互不干涉,可依次完成。

(1)进入加工模块。

依次点击"应用模块"、加工 按钮,软件弹出"加工环境"对话框,直接点"确定"即可进入到加工模块界面。

(2)编程准备。

①程序创建。

将软件自有的 PROGRAM 程序重命名为面 1,并分别创建程序面 2 和面 3。

图 3-95　创建程序

②刀具创建。

零件加工所用刀具可一次创建完毕。

点击创建刀具按钮,弹出"创建刀具"对话框,并按照工艺要求选择刀具子类型并设置刀具名称,完成后点"确定"。进入到不同刀具参数设置的对话框,按照图 3-96～3-99 所示设置相应刀具参数,完成后点"确定"。

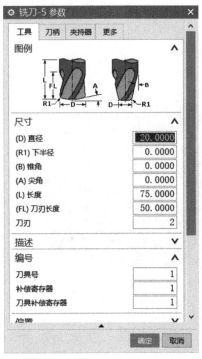

图 3-96 创建 ϕ20 键槽铣刀_D20

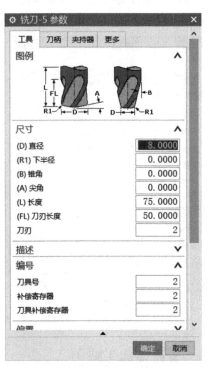

图 3-97 创建 ϕ8 键槽铣刀_D8

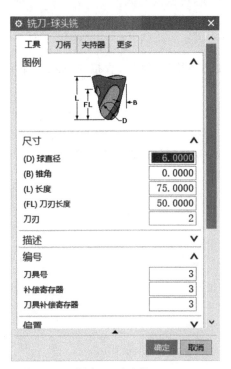

图 3-98 创建 ϕ6 球头铣刀_R3

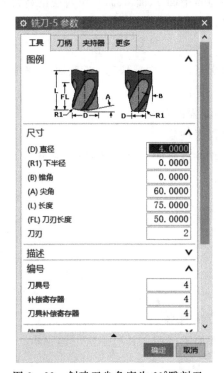

图 3-99 创建刀尖角度为 60° 雕刻刀

③几何体创建。

将鼠标放到工序导航器中点右键,选择"几何视图"即可切换到几何视图,在几何视图中双击 ，弹出"MCS 铣削"对话框,点击指定 MCS 按钮,弹出"CSYS"对话框,可根据需要设定 MCS 的位置,本例中无需改变位置,按照默认位置即可。

点击 MCS_MILL 前的"+"号找到 WORKPIECE 并双击打开"工件"对话框,点击"指定部件"右侧的 按钮,弹出"部件几何体"对话框,过滤器选择面,选择对象指定所用部件;点击"指定毛坯"右侧的 按钮,弹出"毛坯几何体"对话框,在类型中选择"几何体",选择之前拉伸的长方体作为毛坯几何体,点击"确定"按钮返回"工件"对话框,再次点击"确定"按钮即完成 WORKPIECE 创建。

选择拉伸的长方体将其隐藏。

1.ϕ8 键槽铣刀正反面粗加工

(1)面 1 加工编程。

点击 按钮,弹出"创建工序"对话框,按照图 3-100(a)所示进行设置和选择,完成后点"确定"按钮即可进入到"型腔铣"对话框(见图 3-100(b))。

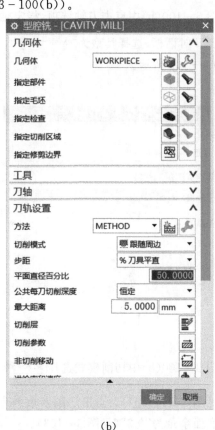

(a)　　　　　　　　　　　　(b)

图 3-100　创建型腔铣加工工序

在图 3-100(b)中点击指定切削区域 按钮,指定面 1(不含字)为切削区域几何体,完成后点击"确定",如图3-101所示。

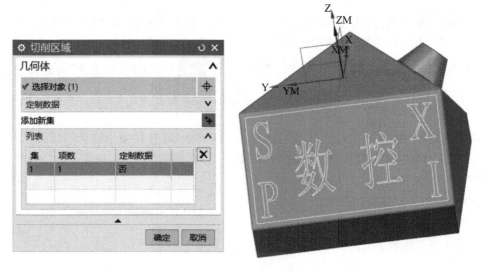

图3-101 切削区域选择

在图3-100(b)中点击刀轴选项,指定轴选项为 指定矢量 ,点击指定矢量 按钮,打开"矢量"对话框,选择类型为 面/平面法向 ,选择面1作为面对象,矢量方向为面1朝外的方向,如图3-102所示。

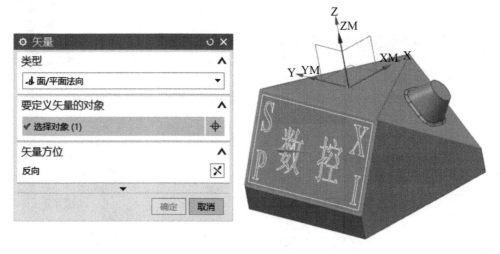

图3-102 刀轴矢量指定

在图3-100(b)中切削模式选择 跟随周边 ;公共每刀切削深度为"恒定",最大距离为"5"(见图3-100(b))。点击切削参数 按钮,弹出"切削参数"对话框,在余量选项中设置部件底面余量为"0.2"(见图3-103)。

图 3 – 103　余量设置

图 3 – 104　进刀设置

点击非切削移动按钮,在进刀选项中设置封闭区域进刀类型为 沿形状斜进刀 ▼ ,开放区域设置为 与封闭区域相同 ▼ ,完成后点"确定"(见图 3 – 104)。

点击进给率和速度 ⬚ 按钮,按照具体情况设置主轴转速和相应的进给速度。

点击生成 ⬚ 按钮,即可生成面 1 粗加工刀路,如图 3 – 105 所示。

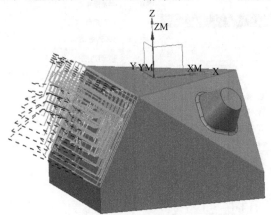

图 3 – 105　带字斜面粗加工刀具轨迹

复制粗加工刀路 ⬚ CAVITY_MILL 并粘贴在粗加工刀路后面,双击复制的刀路 ⬚ CAVITY_MILL_COPY ,设置公共每刀切削深度为"恒定",最大距离为"5"(该值超过面 1 总切深即可)(见图 3 – 100(b));点击切削参数 ⬚ 按钮,弹出"切削参数"对话框,在余量选项中设置部件底面余量为"0",完成后点"确定"(见图 3 – 103)。

在"型腔铣"对话框中点击进给率和速度 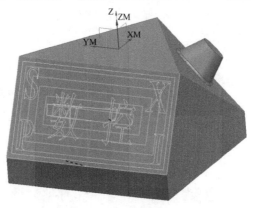 按钮，按照具体情况设置主轴转速和相应的进给速度。

点击生成 按钮，即可生成面1精加工刀路，如图3-106所示。

图3-106　带字斜面精加工刀具轨迹

点击 创建工序 按钮，弹出"创建工序"对话框，按照图3-107(a)所示进行设置和选择，完成后点击"确定"按钮，即可进入到"固定轮廓铣"对话框(见图3-107(b))。

(a)

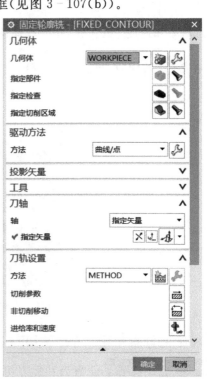

(b)

图3-107　创建固定轮廓铣加工工序

选择驱动方法为 **曲线/点**　▼，弹出"曲线/点驱动方法"对话框，在过滤器中选择 **相连曲线**　▼，分别选择每一组相连曲线为一个驱动组，如图 3 - 108 所示。

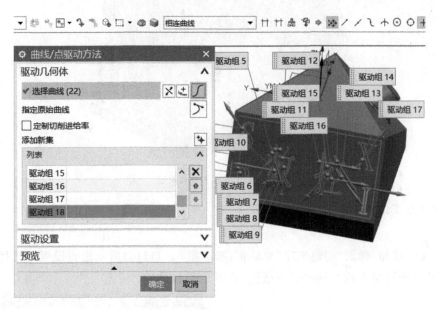

图 3 - 108　曲线驱动方法的驱动线选择

刀轴方向按照粗加工刀路刀轴方向设置。

点击非切削移动按钮，弹出"非切削移动"对话框，在进刀选项中设置开放区域进刀类型为 **插削**　▼，完成后点"确定"，如图 3 - 109 所示。

图 3 - 109　进刀参数设置

点击进给率和速度 按钮，按照具体情况设置主轴转速和相应的进给速度。

点击生成 按钮，即可生成面 1 刻字刀路，如图 3 - 110 所示。

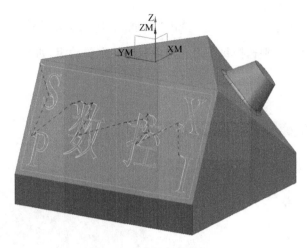

图 3-110　刻字刀具轨迹

(2)面 2 加工编程。

点击创建工序按钮,弹出"创建工序"对话框,按照图 3-111(a)所示进行设置和选择,完成后点"确定"按钮即可进入到"型腔铣"对话框(见图 3-111(b))。

(a)　　　　　　　　　　　(b)

图 3-111　创建型腔铣加工工序

点击指定切削区域 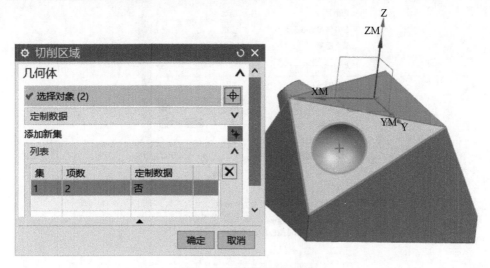 按钮,弹出"切削区域"对话框,选择面 2 的平面和半圆弧面作为切削区域几何体,完成后点"确定",如图 3－112 所示。

图 3－112 切削区域选择

同面 1 指定刀轴方法,指定面 2 加工刀轴方向为垂直于面 2 平面向外的方向,如图 3－113所示。

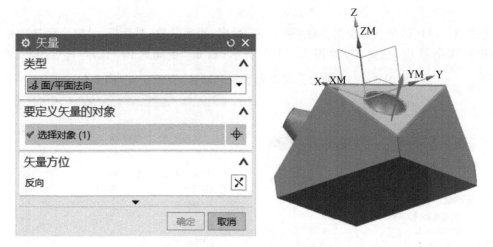

图 3－113 刀轴矢量指定

在图 3－111(b)中切削模式选择跟随周边,然后点击指定切削层 按钮,弹出"切削层"对话框,软件自动将切削区域部分切削层分为两个范围。设定范围 1 每刀切深为"5",范围 2每刀切深为"2",如图 3－114 所示,完成后点"确定"。

图3-114 切削层设置

在图3-111(b)中点击切削参数  按钮，弹出"切削参数"对话框，设定余量选项中部件余量和底面余量均为"0.4"，如图3-115所示；设定"空间范围"选项中"过程工件"为 使用3D ，如图3-116所示。其余参数按照默认，完成后点"确定"。

图3-115 余量设置

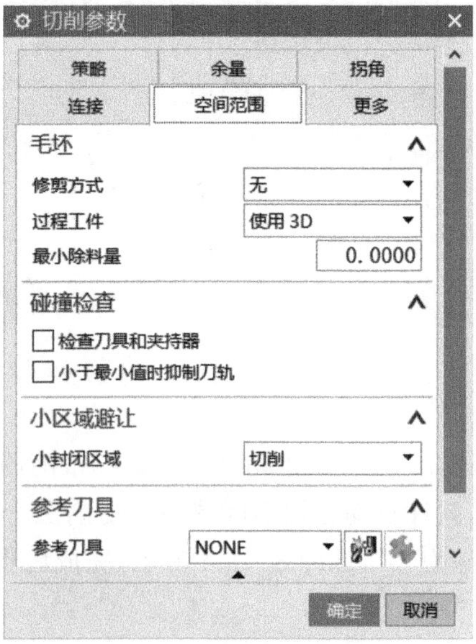

图3-116 IPW设置

点击进给率和速度 按钮，按照具体情况设置主轴转速和相应的进给速度。

点击生成 按钮,即可生成面 2 粗加工刀路,如图 3 - 117 所示。

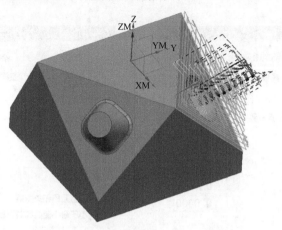

图 3 - 117 圆凹槽斜面粗加工刀具轨迹

复制面 2 粗加工刀路 CAVITY_MILL_1 并粘贴到后面,双击复制后的刀路 CAVITY_MILL_1_COPY,在工具选项中选择 D8 的键槽铣刀。

点击指定切削层 按钮,设定范围 1 每刀切深为"6"(大于 5.1075 即可,也可为 0),范围 2 每刀切深为"0.5",如图 3 - 118 所示,完成后"确定"。

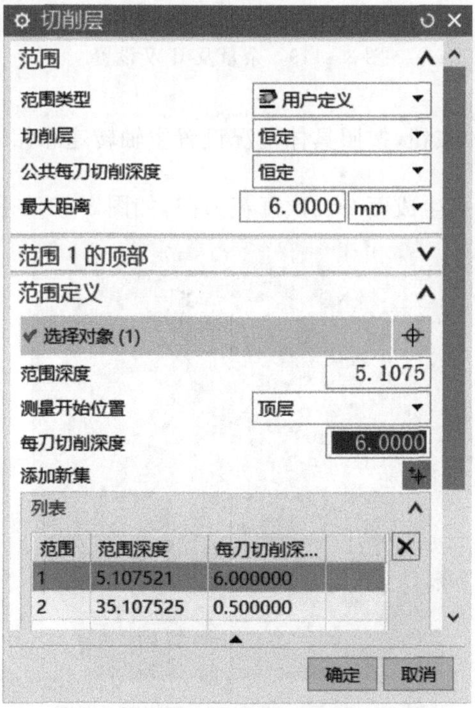

图 3 - 118 切削层设置

点击切削参数 按钮,设定余量选项中部件侧面余量为"0.2"、底面余量为"0.4",设定空间范围选项中过程工件为 使用3D ▼ 。其余参数按照默认,完成后点"确定",如图3-119所示。

(a)   (b)

图3-119 余量及IPW设置

点击进给率和速度 按钮,按照具体情况设置主轴转速和相应的进给速度。

点击生成 按钮,即可生成面2二次开粗刀路,如图3-120所示。

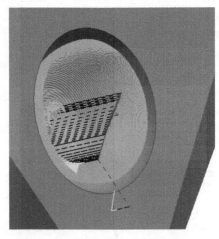

图3-120 圆凹槽二次开粗刀具轨迹

复制面2粗加工刀路 CAVITY_MILL_1 并粘贴到面2二次开粗刀路

⊘ CAVITY_MILL_1_COPY 后面,双击复制后的刀路 ⊘ CAVITY_MILL_1_COPY_1。

点击指定切削区域 按钮,弹出"切削区域"对话框,取消面2的半圆弧面只保留平面作为切削区域几何体,完成后点"确定"。

在切削层中设置每刀切削深度为"0"(见图3－121);点击切削参数 按钮,设定底面与侧面余量均为"0"(见图3－122),完成后点"确定"。

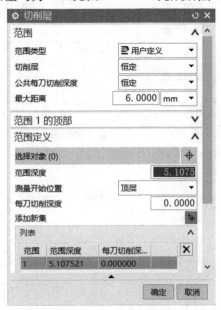

图3－121　切削层设置　　　　　　　图3－122　余量设置

点击进给率和速度 按钮,按照具体情况设置主轴转速和相应的进给速度。

点击生成 按钮,即可生成面2平面精加工刀路,如图3－123所示。

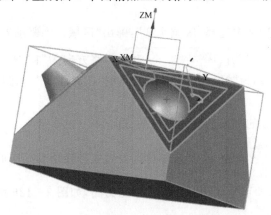

图3－123　圆槽表面平面精加工刀具轨迹

点击创建工序按钮,弹出"创建工序"对话框,按照图3－124(a)所示进行设置和选择,完成后点"确定"按钮即可进入到"固定轮廓铣"对话框(见图2-124(b))。

（a）

（b）

图3-124 创建固定轮廓铣加工工序

点击指定切削区域 按钮,弹出"切削区域"对话框,选择面2半圆弧面作为切削区域几何体,完成后点"确定"。

在驱动方法的方法选项中选择"区域铣削",弹出"区域铣削驱动方法"对话框,设定非陡峭切削选项中非陡峭切削模式为 跟随周边 、刀路方向为"向内"、切削方向为"顺铣"、步距方式为"恒定"、最大距离为"0.2 mm"、步距已应用"在部件上",如图3-125所示,完成后点击"确定"按钮。

指定刀轴方向为面2的平面的法线朝外的方向。

点击进给率和速度 按钮,按照具体情况设置主轴转速和相应的进给速度。

点击生成 按钮,即可生成面2曲面精加工刀路,如图3-126所示。

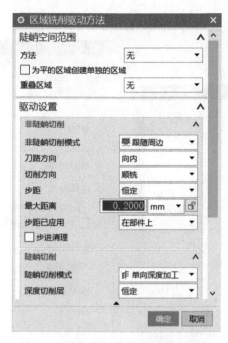

图 3-125　区域铣削驱动方法参数设置

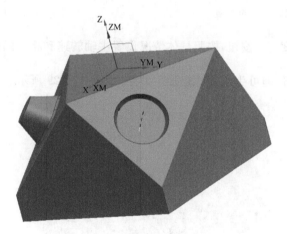

图 3-126　圆槽精加工刀具轨迹

（3）面 3 加工编程。

点击创建工序按钮，弹出"创建工序"对话框，按照前面进述的型腔铣加工工序选择和设置，进入到"型腔铣"对话框。

点击指定切削区域 按钮，指定面 3 所有特征（平面和放样特征）为切削区域几何体。指定刀轴方向为面 3 平面法线方向朝外的方向，方法同面 1 粗加工刀路刀轴方向；设定切削模式为 跟随周边 ；设定所有特征每刀切削深度均为"5"。

点击切削参数按钮，设定底面与侧面余量均为"0.4"（见图 3-127）；设定空间范围选项中

121

处理中的工件为 使用 3D ▼ （见图 3 - 128）。

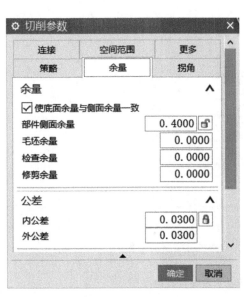

图 3 - 127　余量设置

图 3 - 128　IPW 设置

点击进给率和速度 按钮，按照具体情况设置主轴转速和相应的进给速度。

点击生成 按钮，即可生成面 3 粗加工刀路，如图 3 - 129 所示。

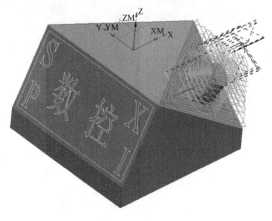

图 3 - 129　带凸台斜面粗加工刀具轨迹

复制面 3 粗加工刀路 CAVITY_MILL_2 并粘贴到后面，双击复制后的刀路
CAVITY_MILL_2_COPY 打开后，修改每刀切削为"1"，设定切削参数中部件侧面余量为
"0.2"、部件底面余量为"0"（见图 3 - 130）。

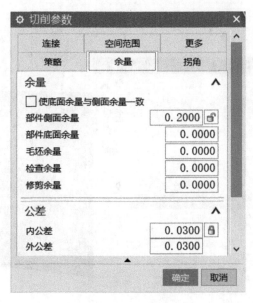

图 3 - 130　余量设置

点击进给率和速度 按钮,按照具体情况设置主轴转速和相应的进给速度。

点击生成 按钮,即可生成面 3 二次开粗及平面精加工刀路,如图 3 - 131 所示。

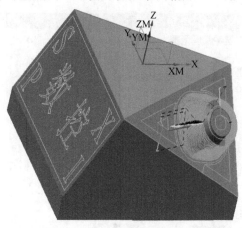

图 3 - 131　凸台二次开粗及斜面精加工刀具轨迹

点击创建工序按钮,弹出"创建工序"对话框,按照前面讲述的型腔铣加工工序选择和设置,进入到"固定轮廓铣"对话框。

点击指定切削区域 按钮,指定面 3 放样特征曲面为切削区域几何体。

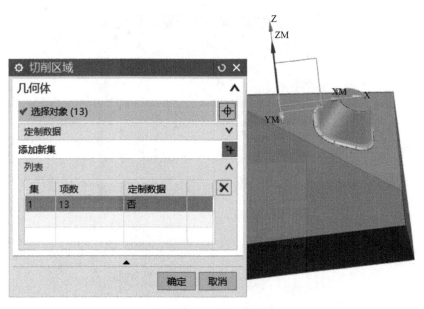

图 3－132　切削区域指定

指定刀轴方向为面 3 平面法线方向朝外的方向,方法同面 1 粗加工刀路刀轴方向。

选择驱动方法为 区域铣削 ，弹出"区域铣削驱动方法"对话框,按照图 3－133 参数进行设置,完成后点"确定"。

图 3－133　区域铣削驱动方法参数设置

点击进给率和速度 按钮,按照具体情况设置主轴转速和相应的进给速度。

点击生成 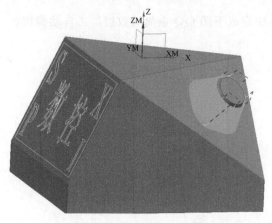 按钮,即可生成面 3 曲面精加工刀路,如图 3-134 所示。

图 3-134 凸台精加工刀具轨迹

【问题与思考】

应用本次课程所学知识完成以下图形的程序编制。

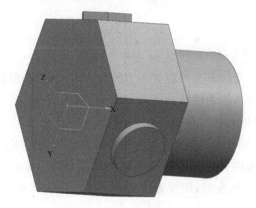

图 3-135 加工编程练习图

3.7 QQ 企鹅模型加工编程

【学习目的】

很多类型的零件在 3 轴数控机床上进行加工时会遇到刀具不够长、部分特征切不到等情况,在这个时候我们需要改变刀轴方向去实现五轴定向加工。本项目主要讲解 UG NX 软件加工环境下如何通过改变刀轴方向应用五轴定向加工去实现零件的粗精加工和可变轮廓铣的曲线驱动方式。

【学习任务】

(1)在 UG NX 12.0 中完成下图 QQ 企鹅的数控加工自动编程。

图 3-136　企鹅编程模型

(2)可变轮廓铣是相对于固定轮廓铣而言的。与固定轮廓铣相比,可变轮廓铣主要增加了对刀轴方向的控制,刀轴的方向在加工过程中可以随时改变。

【任务实施】

3.7.1　零件工艺分析

通过分析可知,企鹅的身体部分可以采用五轴定向方式完成,眼睛和文字为了使加工结果更好,可以应用可变轮廓铣的曲线驱动方式去完成。

编程之前需要做一些辅助的工作,将脚的底平面向下拉伸 6.5 mm,然后依据其所处位置再向下拉伸一个 ϕ50 mm 圆柱形底盘(从上往下看圆盘应把企鹅完全包含且基本在圆盘中间位置)。将圆盘顶面与双脚相交的中心线向 Z 轴正向偏置 3.3 mm,保证最后用 ϕ6 键槽铣刀切断时底部面还有 0.2 mm 的余量;用偏置线沿着 Z 轴正负向各拉伸 3.2 mm 做出一个片体。结果如图 3-137 所示。

图 3-137　编程前模型处理

最终的加工方案为：ϕ8 键槽铣刀正反面粗加工—ϕ4 键槽铣刀正反面二次开粗—R2 球头铣刀正反面精加工—ϕ4 雕刻刀（60°）加工眼睛和刻字—ϕ6 键槽铣刀切断。

3.7.2　QQ 企鹅加工编程

依据加工方案 ϕ8 键槽铣刀正反面粗加工和 ϕ4 键槽铣刀正反面二次开粗利用型腔铣来完成；R2 球头铣刀正反面精加工利用固定轮廓铣来完成；ϕ4 雕刻刀（60°）加工眼睛和刻字用可变轮廓铣的曲线驱动来完成；ϕ6 键槽铣刀切断用固定轮廓铣曲线驱动来完成。

1.进入加工模块

依次点击"应用模块"、加工 按钮，软件弹出"加工环境"对话框，直接点"确定"即可进入到加工模块界面。

2.编程准备

（1）程序创建。

直接利用软件自有的 PROGRAM 作为程序。

（2）刀具创建。

零件加工所用刀具可一次创建完毕。

点击 创建刀具 按钮，弹出"创建刀具"对话框，并按照工艺要求选择刀具子类型并设置相应的刀具名称，完成后点"确定"。进入到不同刀具参数设置的对话框，按照图 3－138～3－142 所示设置相应刀具参数，完成后点"确定"。

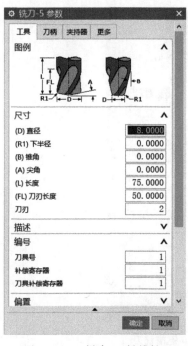

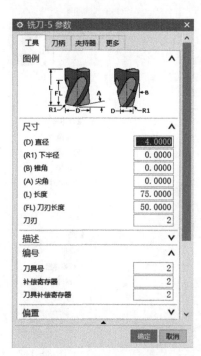

图 3－138　创建 ϕ8 键槽铣刀　　　　图 3－139　创建 ϕ4 键槽铣刀

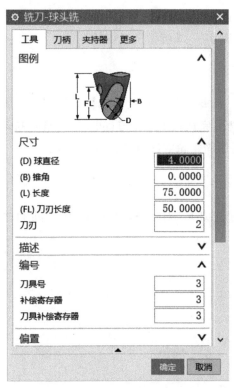

图 3-140　创建 R2 球头铣刀

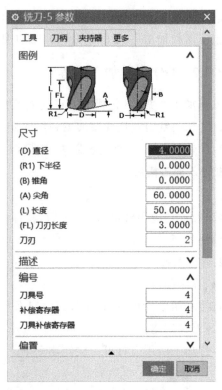

图 3-141　创建刀尖角度为 60°雕刻刀

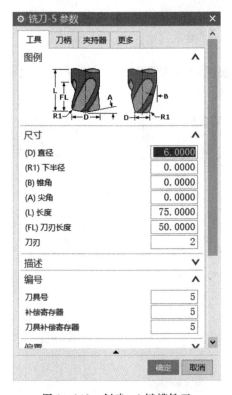

图 3-142　创建 φ6 键槽铣刀

（3）几何体创建。

本例中企鹅的高度经测量大概为 54 mm，因此可以先将坐标系放到底部圆盘上表面中心，然后向上平移 47.5＋6.5＋0.5＝54.5 mm，多移动的 0.5 mm 可以保证企鹅头顶有铣削余量。将鼠标放到工序导航器中点右键，选择"几何视图"即可切换到几何视图，在几何视图中双击 ⊞ ⓛ MCS_MILL，弹出"MCS 铣削"对话框，点击指定 MCS 按钮，弹出"坐标系"对话框，类型选择"对象的坐标系"（见图 3-143），选择参考对象为底部圆盘顶面，完成后点"确定"。再次点击指定 MCS 按钮，弹出"坐标系"对话框，类型选择"动态"，在弹出的"坐标系"浮动框中的 X 值的基础上加 54.5 mm，即可将坐标系移动到企鹅顶部以上 0.5 mm 处（见图 3-144），点击"确定"完成 MCS 位置的调整。

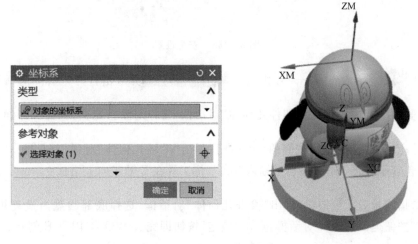

图 3-143　坐标系位置指定

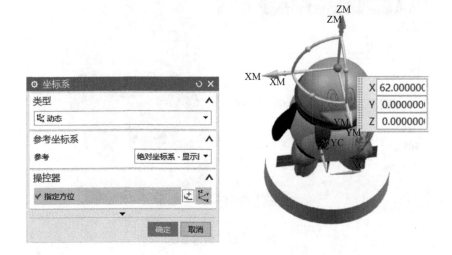

图 3-144　坐标系位置移动

选择安全设置中的安全设置选项为"包容圆柱体"，安全距离为"10"，点击"确定"完成 MCS 铣削的设定。

图 3 – 145　安全设置

点击 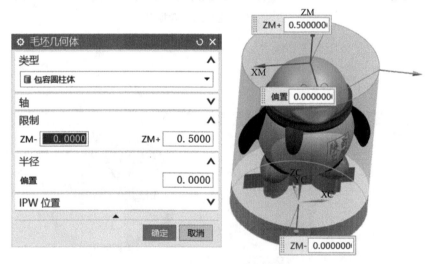前的"＋"号找到 WORKPIECE 并双击打开"工件"对话框,点击"指定部件"右侧的 按钮,弹出"部件几何体"对话框,选择对象指定企鹅、腿部延伸和底部圆盘等所用部件;点击"指定毛坯"右侧的 按钮,弹出"毛坯几何体"对话框(见图 3 – 146),在类型中选择"包容圆柱体",在 ZM＋上输入"0.5",将工件在 Z 轴正向上增加 0.5 mm,点击"确定"按钮。点击指定检查 按钮,弹出"检查几何体"对话框,选择底部圆盘为检查几何体对象,点击"确定"按钮返回"工件"对话框,点击"确定"按钮即完成 WORKPIECE 创建。

图 3 – 146　创建毛坯

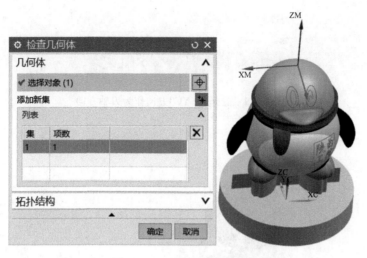

图 3-147　检查几何体选择

1.φ8 键槽铣刀正反面粗加工

点击创建工序按钮,弹出"创建工序"对话框,按照图 3-148(a)所示进行设置和选择,完成后点"确定"按钮即可进入到"型腔铣"对话框(见图 3-148(b))。

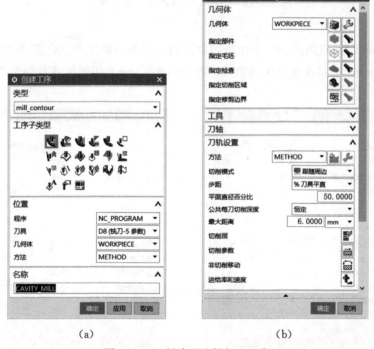

(a)　　　　　　　　　　　(b)

图 3-148　创建型腔铣加工工序

点击"刀轴"选项,选择轴为"指定矢量",点击指定矢量右侧自动判断的矢量 按钮,选择 。

图 3-149 选择"-YC"方向作为刀轴方向

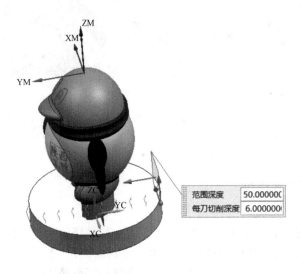

图 3-150 刀轴在"-YC"方向的切削层

设定切削模式为"跟随周边",步距按照默认值。点击切削层 ⬚ 按钮,弹出"切削层"对话框(见图 3-151(a))。将深度范围的值"50"改为"25.5",每刀切削深度的值"6"改为"2",完成后点"确定"。

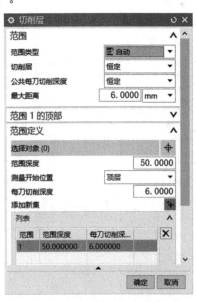

(a)

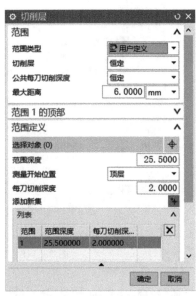

(b)

图 3-151 切削层参数修改

点击切削参数 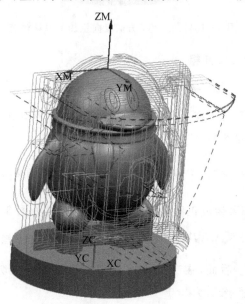 按钮，在"切削参数"对话框中的空间范围中(见图 3 - 152)，设置毛坯中的过程工件为"使用 3D"，在余量中设置部件余量为 0.5 mm。

图 3 - 152　IPW 及余量设置

点击进给率和速度 按钮，按照具体情况设置主轴转速和相应的进给速度。

点击生成 按钮，即可生成单面的粗加工刀路，如图 3 - 153 所示。

图 3 - 153　"－YC"方向粗加工刀具轨迹

在粗加工刀路 🍖 🔩CAVITY_MILL 上点右键，选择复制并粘贴，双击 🚫🔩CAVITY_MILL_COPY 进入到"型腔铣"设置的对话框。在刀轴中点击 ✖ 将刀轴方向反向。

点击切削层 📝 按钮，弹出"切削层"对话框（同前），将深度范围的值"50"改为"25.5"，每刀切削深度的值"6"改为"2"，完成后点"确定"。

点击生成 🏳 按钮即可生成另一面的粗加工刀路，如图 3－154 所示。

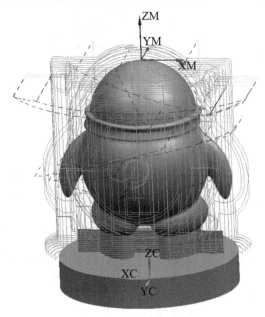

图 3－154 "－YC"方向反向粗加工刀具轨迹

2. φ4 键槽铣刀正反面二次开粗

在正面粗加工刀路 🍖 🔩CAVITY_MILL 上点右键，选择复制并粘贴在反面刀路 🍖 🔩CAVITY_MILL_COPY 后面，在工具中选择键槽铣刀 D4，在切削层中设置每刀切深为"1"，在切削参数中设置部件余量为"0.1"。

点击进给率和速度 🔧 按钮，按照具体情况设置主轴转速和相应的进给速度。

点击生成 🏳 按钮，即可生成正面的二次开粗加工刀路，如图 3－155 所示。

在反面粗加工刀路 🍖 🔩CAVITY_MILL_COPY 上点右键，选择复制并粘贴在反面刀路 🍖 🔩CAVITY_MILL_COPY_1 后面，在工具中选择键槽铣刀 D4，在切削层中设置每刀切深为"1"，在切削参数中设置部件余量为"0.1"。

点击进给率和速度 🔧 按钮，按照具体情况设置主轴转速和相应的进给速度。

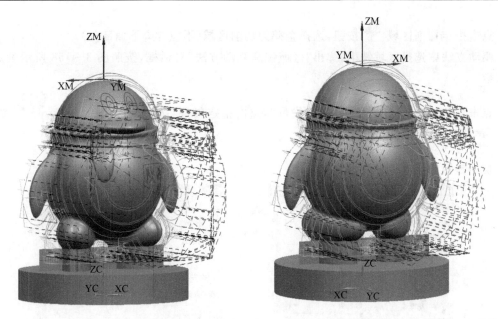

图 3 - 155　"－YC"方向二次开粗加工刀具轨迹　图 3 - 156　"－YC"方向反向二次开粗加工刀具轨迹

点击生成 按钮,即可生成反面的二次开粗加工刀路,如图 3 - 156 所示。

3.R2 球头铣刀正反面精加工

点击 按钮弹出"创建工序"对话框,按照图 3 - 157(a)所示进行设置和选择,完成后点"确定"按钮即可进入到"固定轮廓铣"对话框(见图 3 - 157(b))。

（a）　　　　　　　　　　　　（b）

图 3 - 157　创建固定轮廓铣加工工序

点击指定切削区域  按钮，选择企鹅为切削区域（不包含脚下面部分）。

驱动方法中选择区域铣削，弹出"区域铣削驱动方法"对话框，按照图3-158所示设定相应参数。

点击"刀轴"选项，选择轴为"指定矢量"，点击指定矢量右侧自动判断的矢量 按钮，选择 。

切削参数中设置部件余量为0。

图3-158　区域铣削驱动方法参数设置

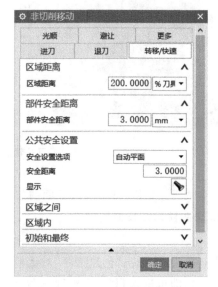

图3-159　转移/快速参数设置

点击非切削移动 按钮，在非切削移动中设定转移/快速选项，按照图3-159所示设定，设定完成点"确定"按钮。

点击进给率和速度 按钮，按照具体情况设置主轴转速和相应的进给速度。

点击生成 按钮，即可生成单面的精加工刀路，如图3-160所示。

复制正面精加工刀路 FIXED_CONTOUR 并粘贴，双击打开复制的刀路，将刀轴的指定矢量方向的 点一下，将刀轴反向后点击生成 按钮，即可生成单面的粗加工刀路，如图3-161所示。

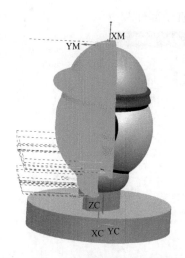

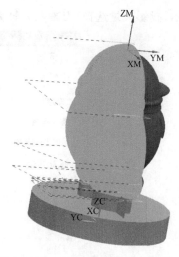

图 3-160　企鹅前面精加工刀具轨迹　　　　图 3-161　企鹅后面精加工刀具轨迹

4.φ4 雕刻刀(60°)加工眼睛和刻字

企鹅的眼睛、身体上的"陕西工院"四个字及边框在加工时均可采用雕刻刀完成。眼睛部分位于顶端,加工时不容易发生干涉,可采用五轴方式完成,即在加工过程中刀轴始终为刀尖所接触曲面的法线方向;"陕西工院"四个字及边框在雕刻刀刻的过程中,如果按照和加工眼睛的方式控制刀轴,刀轴方向就要朝向于 Z 轴负向一定角度,这样容易产生主轴头或者刀柄与工作台或者夹具之间产生干涉。为了避免这种情况的出现,可采用定向的方式完成,即选择一个接近于方框中心曲面的法线方向作为刀轴的方向。

1)企鹅眼睛加工

点击创建工序按钮,"弹出创建"工序对话框,按照图 3-162 所示进行设置和选择,完成后点"确定"按钮即可进入到"可变轮廓铣"对话框。

图 3-162　眼睛驱动线选择

在"可变轮廓铣"对话框中选择驱动方法为"曲线/点",在"曲线/点驱动方法"中分别指定两个眼睛的四条封闭曲线为四个驱动组,切记不能把四条线指定到一个驱动组里。如图

3-163所示，投影矢量选择"刀轴"、刀轴方向选择"垂直于部件"。

图 3-163 刀轴方向设置

点击切削参数 ![按钮] 按钮，在切削参数中的余量中设置部件余量为－0.1，其余按照默认即可，如图 3-164 所示。

点击非切削移动 ![按钮] 按钮，设置开放区域进刀类型为"插削"，其余按照默认即可，如图 3-165所示。

点击进给率和速度 ![按钮] 按钮，按照具体情况设置主轴转速和相应的进给速度。

点击生成 ![按钮] 按钮，即可生成眼睛的加工刀路，如图 3-166 所示，因为余量是负值，因此刀路在工件内部，因此部分看不见。

图 3-164　余量设置

图 3-165　进刀设置

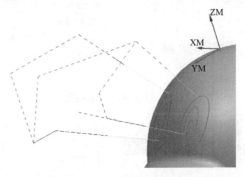

图 3-166　眼睛雕刻刀具轨迹

2)"陕西工院"四个字及边框加工

点击创建工序按钮弹出"创建工序"对话框,按照图 3-167(a)所示进行设置和选择,完成后点"确定"按钮即可进入到"固定轮廓铣"对话框(见图 3-167(b))。

驱动方法按照眼睛刀路的驱动方式(曲线/点方式)选择,投影矢量还是选择"刀轴"。刀轴方向在指定时,先将陕西工院及边框转到一个比较合适的方向,大致与边框中心的曲面的法线方向相同即可,然后在刀轴中的"轴"选项中选择指定矢量,在矢量指定对话框中选择"视图方向"即可(见图 3-168)。

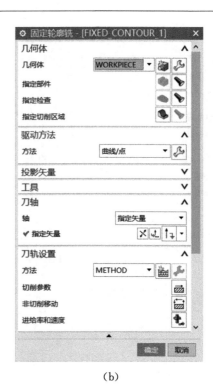

（a）　　　　　　　　　　　　（b）

图 3-167　创建固定轮廓铣加工工序

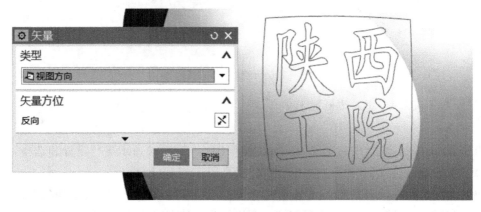

图 3-168　刀轴矢量设置

点击切削参数 按钮,在"切削参数"对话框中的余量中设置部件余量为"－0.1",其余按照默认即可,如图 3-169 所示。

点击非切削移动 按钮,在"非切削移动"对话框中设置开放区域进刀类型为"插削",其余按照默认即可,如图 3-170 所示。

点击进给率和速度 按钮,按照具体情况设置主轴转速和相应的进给速度。

图 3 - 169　余量设置　　　　　　　　　图 3 - 170　进刀设置

点击生成 按钮,即可生成字及边框的加工刀路,如图 3 - 171 所示,因为余量是负值,因此刀路在工件内部,因此部分看不见。

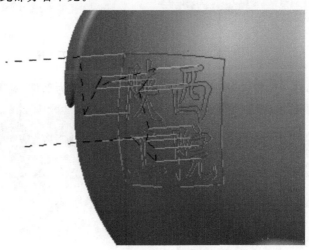

图 3 - 171　刻"陕西工院"刀具轨迹

5. φ6 键槽铣刀切断

点击 创建工序 按钮,弹出"创建工序"对话框,按照图 3 - 172(a)所示进行设置和选择,完成后点"确定"按钮即可进入到"固定轮廓铣"对话框(见图 3 - 172(b))。

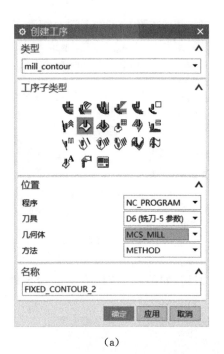

(a)   (b)

图 3-172　创建固定轮廓铣加工工序

点击指定部件 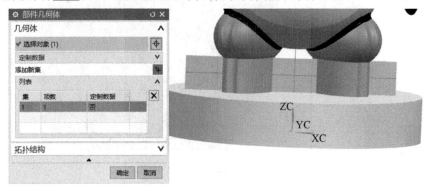 按钮,指定企鹅腿部拉伸的片体作为部件(见图 3-173)。

图 3-173　指定腿下片体为部件

驱动方法同样选择"曲线/点",在"曲线/点驱动方法"对话框中选择片体中间的直线为驱动线(见图 3-174)。

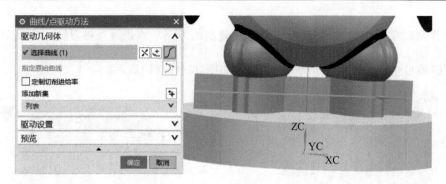

图 3-174　选择驱动线

投影矢量选择"刀轴",刀轴方向选择"指定矢量",在指定矢量对话框中选择 YC 轴即可(见图 3-175)。

图 3-175　指定刀轴方向

点击切削参数 按钮,在"切削参数"中的余量中设置部件余量为 0.5;在多刀路选项中设置部件余量偏置为 5,选择多重深度切削,并设置步进方法为增量,增量值为 1,如图 3-176所示。

图 3-176　多刀路切削参数设置

点击进给率和速度 按钮,按照具体情况设置主轴转速和相应的进给速度。

点击生成 按钮,即可生成单面的切断加工刀路,如图 3-177(a)所示。

复制并粘贴单面切断加工刀路,双击打开复制的刀路后点击 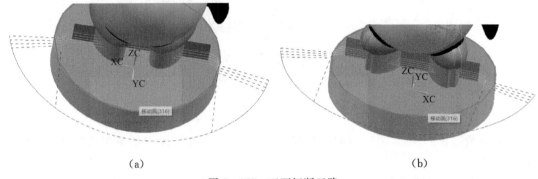 将刀轴方向反向,点击生成 按钮即可生成另一面的切断加工刀路,如图 3-177(b)所示。

图 3-177 双面切断刀路

切断刀路完成后企鹅和下面还有 1 mm 宽的薄片相连,可手动掰断,企鹅脚的底面还有 0.2 mm余量可自行选择将脚底面磨平。

【问题与思考】

根据所学知识完成以下图形刀具轨迹编制。

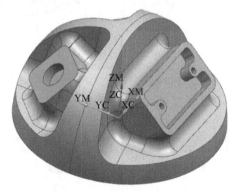

图 3-178 编程练习任务

3.8 大力神杯加工编程

【学习目的】

五轴联动加工机床在企业里面大量应用,五轴联动加工刀具轨迹如何在 CAM 软件上实现,需要注意什么?本项目主要讲解 UG NX 软件加工环境下,如何应用可变轮廓铣功能,如何创建驱动面,并应用曲面驱动方式完成复杂曲面类零件五轴联动加工的精加工刀具轨迹。

【学习任务】

(1)在 UG NX 12.0 中完成大力神杯(见图 3-179)的数控加工自动编程。

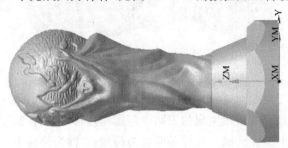

图 3-179　大力神杯

(2)曲面驱动的构建。通过建模中曲面构建的方式按照工件的特征进行曲面构建,驱动面构建的好坏直接影响到最终生成的刀具轨迹。注意可以作为驱动面的曲面一般为 1 个曲面,如一次指定多个曲面做驱动面,所选择的驱动面限制条件较多。

【任务实施】

3.8.1　零件工艺分析

通过分析可知,大力神杯主要由曲面组成,这些曲面的加工可以用四轴联动加工的方式完成,但为了达到更好的效果,本例中采用五轴联动的方式完成加工。

大力神杯底部六个斜面及所带圆角的粗加工在外形加工时顺便就完成了,但这些特征精加工不再赘述,均为五轴定向方式完成,斜面及紧邻圆角加工时刀轴方向就是斜平面的法线方向(垂直于斜面向外),方法按照前面多面体零件加工方法。

大力神杯曲面部分经分析加工方案为:ϕ16 键槽铣刀粗加工—ϕ6 键槽铣刀二次开粗—R4 球头铣刀曲面半精加工—R2 球头铣刀曲面精加工—底座斜面精加工。如果把表面做得更精细还可以让 R2 的球刀留下 0.03 mm 余量再用更小的球刀再加工一遍。

在编程之前需要提前做些准备工作,制作可变轮廓铣的驱动面。驱动面的构造相对比较复杂,对于复杂的零件主要是对工件进行分层,并依据工件的形状在每一层创建一个曲线(这些曲线一定要形状相同或相似,通常用圆形表示),这些曲线创建好之后利用网格面构造出驱动面;另一种方法是根据工件的形状绘制一个旋转母线,用这条母线旋转出一个旋转面作为驱动面。不管哪种方式在构建时都要注意几点原则:①驱动面一般是一个面;②注意干涉问题,比如通常在接近装夹的位置做出喇叭口;③投影后生成的刀路要尽可能均匀且能保证刀具能加工到所有的待加工表面;④尽可能减少或避开刀具上线切削速度为零的点进行加工。本例可以采用第二种驱动面的创建方法。选择 XZ 平面或者 YZ 平面为草图平面创建母线。

(1)在草图状态下,以底座中心为起点沿着 Z 轴方向创建一个长度为 182 mm 的直线(见图 3-180)。

图 3-180　绘制中心线

（2）通过艺术样条创建如图 3-181 所示的样条曲线，通过创建的点调整样条曲线的形状，让曲线尽可能光滑均匀。注：后续生成的刀路由问题时还可调整样条曲线的形状。

（3）利用旋转功能生成旋转面。以样条曲线为母线，Z 轴为旋转中心线，旋转 360°，体类型选择片体，即得出想要的驱动面（见图 3-182）。

图 3-181　绘制截面线　　　　图 3-182　生成旋转驱动面

3.8.2　大力神杯加工编程

1）进入加工模块

依次点击"应用模块"、加工 按钮，软件弹出"加工环境"对话框，直接点"确定"即可进入到加工模块界面。

2）编程准备

（1）程序创建。

直接利用软件自有的 PROGRAM 作为程序。

（2）刀具创建。

零件加工所用刀具可一次创建完毕。

点击 创建刀具 按钮,弹出"创建刀具"对话框,并按照工艺要求选择刀具子类型并设置刀具名称,完成后点"确定"。进入到刀具设置对话框,按照图 3-183 至 3-186 所示设置相应刀具参数,完成后点"确定"。

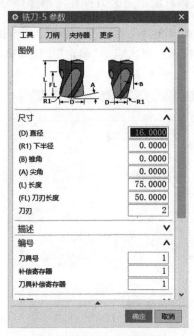

图 3-183 创建 φ16 键槽铣刀

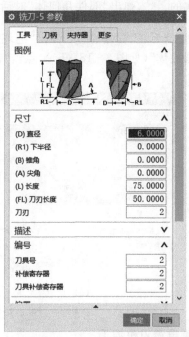

图 3-184 创建 φ6 键槽铣刀

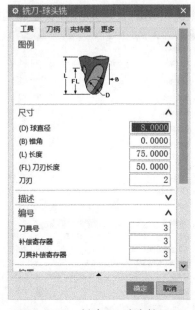

图 3-185 创建 R4 球头铣刀

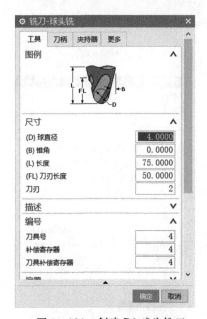

图 3-186 创建 R2 球头铣刀

(3)几何体创建。

本例中 MCS 位置无需调整,参数按照默认即可(也可以沿着 Z 轴方向移动 181.79 mm 放到最高点）。选择安全设置中的安全设置选项为"包容圆柱体"，安全距离为 10 mm，点击"确定"完成 MCS 铣削的设定。

点击 ⊞ MCS_MILL 前的"＋"号找到 WORKPIECE 并双击打开"工件"对话框，点击"指定部件"右侧的 ，弹出"部件几何体"对话框，选择对象指定大力神杯所用部件（见图 3 - 187（a））；点击"指定毛坯"右侧的 弹出"毛坯几何体"对话框，在类型中选择"几何体"，选择类型为"包容圆柱体"（见图 3 - 187（b）），点击"确定"按钮。再次点击"确定"按钮即完成 WORK-PIECE 创建。

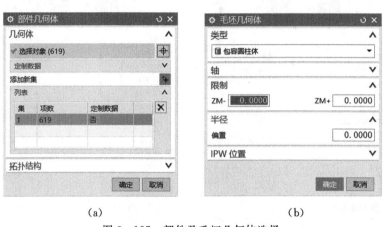

（a）   （b）

图 3 - 187　部件及毛坯几何体选择

1. ϕ16 键槽铣刀粗加工

点击 创建工序 按钮，弹出"创建工序"对话框，按照图 3 - 188（a）所示进行设置和选择，完成后

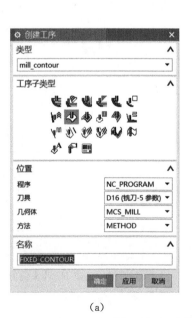

（a）

（b）

图 3 - 188　创建型腔铣加工工序

点击"确定"按钮即可进入到"型腔铣"对话框(见图 3-188(b))。

点击指定切削区域按钮,弹出切削区域对话框,点击"刀轴"选项,选择轴为"指定矢量",点击指定矢量右侧自动判断的矢量 按钮,选择 。

设定切削模式为"跟随周边",步距按照默认值。点击切削层 按钮,弹出"切削层"对话框。将深度范围的值"79.9994"改为"40.5",每刀切削深度的值"6"改为"4",如图 3-189 所示,完成后点"确定"。

(a)   (b)

图 3-189 切削层修改

点击切削参数 按钮,在"切削参数"对话框中的空间范围中设置毛坯中的处理中的工件为"使用 3D",在余量中设置部件余量为 0.5 mm(见图 3-190)。

点击进给率和速度 按钮,按照具体情况设置主轴转速和相应的进给速度。

点击生成 按钮,即可生成 X 轴正向的粗加工刀路,如图 3-191 所示。

在粗加工刀路 CAVITY_MILL 上点右键,选择复制并粘贴,双击 CAVITY_MILL_COPY 进入到型腔铣设置对话框。在刀轴中点击 将刀轴方向反向。

点击切削层 按钮,弹出"切削层"对话框(同上)。将深度范围的值"79.9994"改为"40.5",每刀切削深度的值"6"改为"4",完成后点"确定"。

（a）

（b）

图 3-190　IPW 及余量设置

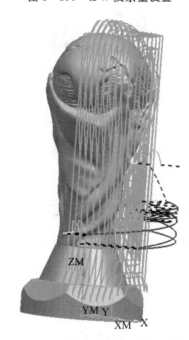

图 3-191　X 轴正向侧面开粗刀具轨迹

点击生成按钮，即可生成 X 轴负向的粗加工刀路，如图 3-192 所示。

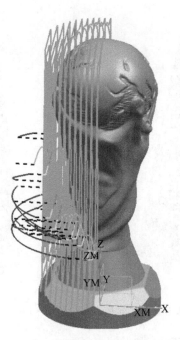

图 3-192　X 轴负向侧面开粗刀具轨迹

2. φ6 键槽铣刀二次开粗

在 X 轴正向粗加工刀路 CAVITY_MILL 上点右键,选择复制并粘贴在反面刀路 CAVITY_MILL_COPY 后面,在工具中选择键槽铣刀 D6,在切削层中设置每刀切深为 1 mm,在切削参数中设置部件余量为 0.1 mm。

点击进给率和速度 按钮,按照具体情况设置主轴转速和相应的进给速度。

点击生成 按钮,即可生成 X 轴正向的二次开粗加工刀路,如图 3-193 所示。

在 X 轴负向粗加工刀路 CAVITY_MILL_COPY 上点右键,选择复制并粘贴在反面刀路 CAVITY_MILL_COPY_1 后面,在工具中选择键槽铣刀 D6,在切削层中设置每刀切深为 1 mm,在切削参数中设置部件余量为 0.1 mm。

点击进给率和速度 按钮,按照具体情况设置主轴转速和相应的进给速度。

点击生成 按钮,即可生成 X 轴负向的二次开粗加工刀路,如图 3-194 所示。

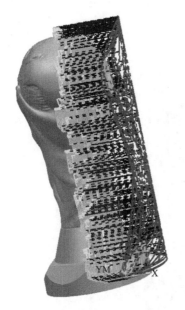 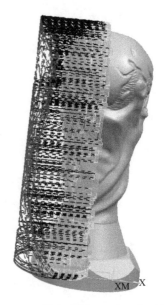

图 3 - 193　X轴正向侧面二次开粗刀具轨迹　　　图 3 - 194　X轴负向侧面二次开粗刀具轨迹

3.R4 球头铣刀曲面半精加工

点击 按钮,弹出"创建工序"对话框,按照图 3 - 195(a)所示进行设置和选择,完成后点"确定"按钮即可进入到"可变轮廓铣"对话框(见图 3 - 195(b))。

（a）

（b）

图 3 - 195　创建可变轮廓铣加工工序

点击指定切削区域 按钮,选择大力神杯六个斜面以上部分为切削区域,如图 3 - 196

所示。

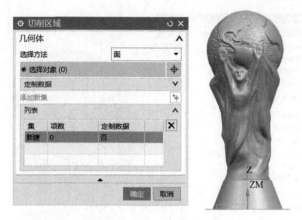

图 3 - 196 切削区域指定

将之前的旋转面显示出来。在驱动方法中选择"曲面",弹出"曲面区域驱动方法"对话框。

点击驱动几何体 按钮,弹出"驱动几何体"对话框,选择旋转面为驱动面(见图 3 - 197)。

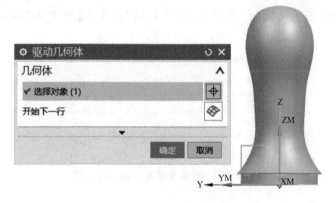

图 3 - 197 驱动面选择

点击指定切削方向按钮,指定顶部的沿着圆周方向的,如图 3 - 198 中圆圈标注的两个箭头(箭头方向跟顺逆铣有关)。

图 3 - 198 驱动线方向指定

点击材料反向 按钮,将材料方向箭头朝向工件外侧。驱动设置和更多按照图 3 - 199

所示进行设置,完成后预览无误后点"确定"。

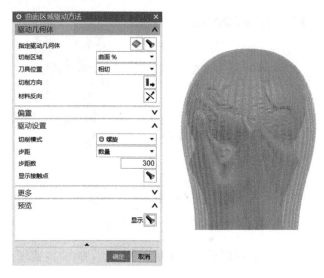

图 3-199 驱动线预览

点击投影矢量的矢量方向为"刀轴";点击"刀轴"选项,选择轴为"垂直于驱动体"(见图 3-200)。

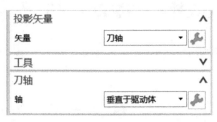

图 3-200 投影矢量及刀轴方向选择

点击切削参数  按钮,在"切削参数"对话框中设置部件余量为"0.1"(见图 3-201)。

图 3-201 余量设置

点击进给率和速度 按钮,按照具体情况设置主轴转速和相应的进给速度。

点击生成 按钮，即可生成大力神杯曲面半精加工刀路，如图 3-202 所示。

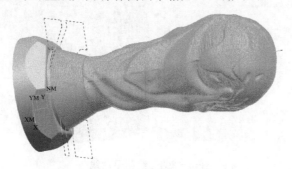

图 3-202　曲面半精加工刀具轨迹

4.R2 球头铣刀曲面精加工

复制半精加工刀路 VARIABLE_CONTOUR 并粘贴到后面，双击打开复制的刀路，点击驱动方法编辑 按钮，将步距数改为 800，完成后点确定；选择工具为 R2 球头铣刀。

点击切削参数 按钮，在"切削参数"中设置"部件余量"为"0"，内外公差可以调小一点。

点击进给率和速度 按钮，按照具体情况设置主轴转速和相应的进给速度。

点击生成 按钮，即可生成大力神杯曲面精加工刀路，如图 3-203 所示。

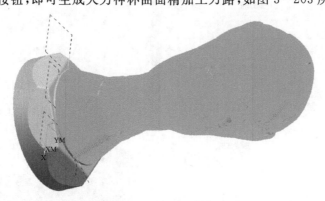

图 3-203　曲面精加工刀具轨迹

5.底座斜面精加工

该部分可以分为 6 个斜平面的精加工和斜平面边界圆弧部分精加工。这些特征都可以分别看成是 6 个完全相同的特征阵列出来的，因此只需要分别做出一个刀路，其余的通过旋转复制的方式可以得到。

1)斜平面精加工

斜平面加工前先做一些准备工作。将一个斜平面上最远的两个点用直线连接起来（见图 3-204）。

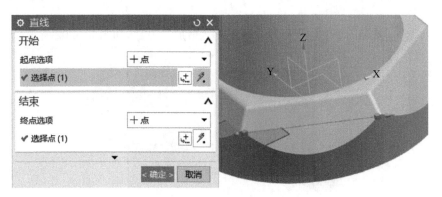

图 3-204 绘制驱动线

用连接的这条直线作为驱动线,用固定轮廓铣的曲线驱动完成斜平面加工,刀具选择 φ16 键槽铣刀,刀轴方向为斜平面的法线方向。刀路如图 3-205 所示。

图 3-205 斜平面精加工刀具轨迹

在此刀路 FIXED_CONTOUR 上点右键,在右键菜单中依次点击"对象"、"变换",弹出 "变换"对话框,按照图 3-206 中所示进行设置,完成后点"确定",即可得出其他斜平面精加工 刀路。

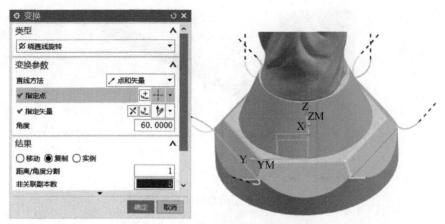

图 3-206　斜平面精加工刀具轨迹变换

2)斜平面倒角精加工

圆角可以按照曲面方式进行加工,利用固定轮廓铣功能。切削区域选择如图 3-207 所示的 4 个曲面位置(刚好将所有倒角 6 等分)。

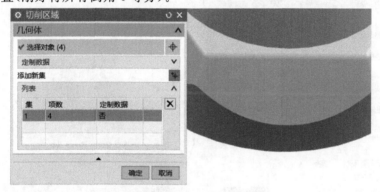

图 3-207　倒圆角切削区域指定

刀具选用 R2 球头铣刀;刀轴同样采用所在平面的法线方向;驱动方法选用区域铣削,参数设置如图 3-208 所示,完成后点击"确定",生成刀路如图 3-209 所示。

图 3-208　区域铣削驱动方法参数设置

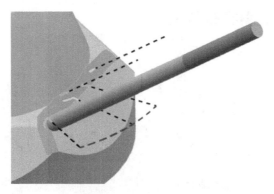

图 3-209　斜平面倒角精加工刀具轨迹

在此刀路 ⌇ ⌘FIXED_CONTOUR_1上点右键,在右键菜单中依次点击"对象"、"变换",弹出"变换"对话框,按照图 3-210 中所示进行设置,完成后点"确定"即可得出其他斜平面精加工刀路。

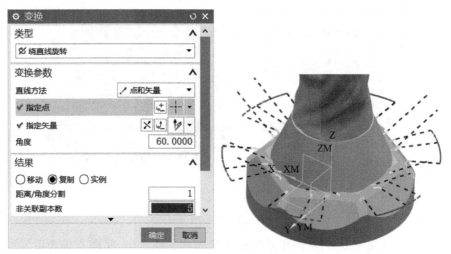

图 3-210　斜平面倒角精加工刀具轨迹变换

【问题与思考】

根据所学知识完成以下图形刀具轨迹编制。

图 3-211　加工编程练习图

3.9　叶轮加工编程

【学习目的】

叶轮加工在数控加工领域难度较大,需要采用五轴联动机床才能实现,叶轮加工也最能反映先进的技术水平。基本每一款 CAM 软件都有叶轮加工功能。本项目主要讲解 UG NX 软件加工环境下,如何应用叶轮加工功能完成叶轮的粗加工和精加工刀具轨迹。

【学习任务】

(1)在 UG NX 12.0 中完成叶轮(见图 3-212)的数控加工自动编程。

图 3-212　叶轮

(2)mill_multi_blade:多叶片加工,主要完成叶轮或者叶片的粗精加工刀具轨迹的生成。

【任务实施】

3.9.1　零件工艺分析

通过分析可知,叶轮主要由叶片、轮毂、包覆、分流叶片和叶根圆角组成,可采用叶轮加工模块来完成。在利用叶轮加工模块完成之前,首先需要把基本外形加工好,这部分可以铣削也可以车削,要得出这个结果需要对原始图形进行相应的处理。

图形的处理过程为:

(1)利用旋转功能,选择其中一个叶片的顶部轮廓线(共 3 条,如图 3-213 所示)作为母线,选择 Z 轴方向为旋转轴矢量方向,指定点选择(0,0,0)点,旋转 360°即可得出一个旋转实体,注意不要求布尔运算。

(2)利用同步建模功能,选择同步建模的拉出面功能,讲旋转实体顶面向 Z 轴正向拉伸 0.67 mm(保证拉伸后顶面刚好与叶根圆角最高点重合)。

(3)利用有界平面功能将顶面带键槽的中心孔封闭起来。

该外形如果需要铣削,其加工步骤为 $\phi10$ 键槽铣刀粗加工及顶部圆台精加工,R5 球刀精加工叶片包覆面。

经分析,叶根圆角半径为 1.35 mm,为了保证加工过程中刀具的刚性,在此选择 $\phi4$ 球头铣刀精加工(在此主要讲授编程方法,不考虑圆角大小的问题)。因此加工方法是 $\phi4$ 键槽铣刀粗加工,$\phi4$ 球头铣刀精加工。

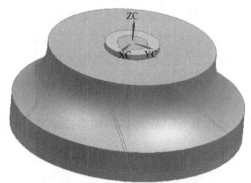

图 3-213　叶轮外形毛坯绘制

3.9.2　叶轮加工编程

1)进入加工模块

依次点击"应用模块"、加工按钮,软件弹出"加工环境"对话框,直接点"确定"即可进入到加工模块界面。

2)编程准备

(1)程序创建。

直接利用软件自有的 PROGRAM 作为处理后模型的加工程序。分别建立程序名称为叶片粗加工、轮毂精加工、叶片精加工、分流叶片精加工、叶根圆角精加工、分流叶片圆角精加工。

(2)刀具创建。

零件加工所用刀具可一次创建完毕。

点击创建刀具按钮,弹出"创建刀具"对话框,并按照工艺要求选择刀具子类型和设置刀具名称,完成后点"确定"。进入到不同刀具参数设置的对话框,按照图 3-214 至 3-217 所示设置相应刀具参数,完成后点"确定"。

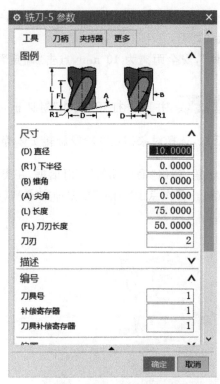

图 3-214 创建 φ10 键槽铣刀

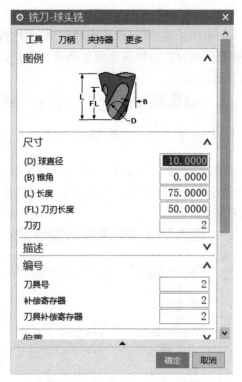

图 3-215 创建 R5 球头铣刀

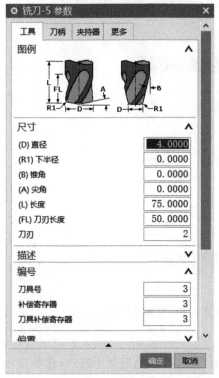

图 3-216 创建 R2 球头铣刀

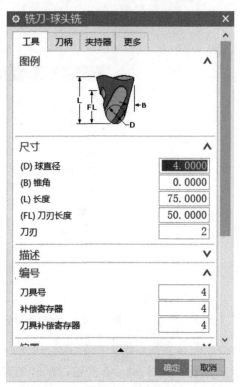

图 3-217 创建 R1 球头铣刀

（3）几何体创建。

本例中默认的 MCS 位置无须调整,参数按照默认即可。

选择安全设置中的安全设置选项为"包容圆柱体",安全距离为 10 mm,点击"确定"完成 MCS 铣削的设定。

点击 ＋ MCS_MILL 前的"＋"号找到 WORKPIECE,并双击打开"工件"对话框,点击"指定部件"右侧的 按钮,弹出"部件几何体"对话框,选择对象指定叶轮及旋转实体等所用部件(见图 3 - 218(a));点击"指定毛坯"右侧的 按钮,弹出"毛坯几何体"对话框,在类型中选择"包容圆柱体"(见图 3 - 218(b)),点击"确定"按钮。再次点击"确定"按钮即完成 WORK-PIECE 创建。

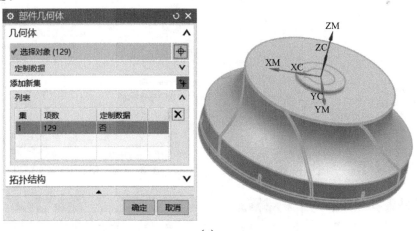

（a）

（b）

图 3 - 218　叶轮外形铣削部件及毛坯几何体选择

点击创建几何体 创建几何体 按钮,打开"创建几何体"对话框(见图 3 - 219),在类型中选择"mill_multi_blade",几何体子类型选择 ,点击"确定"按钮完成 WORKPIECE_1 几何体创建。

图 3 - 219　创建多叶片几何体

点击⫫ WORKPIECE_1 并双击打开"工件"对话框,点击"指定部件"右侧的 ▣ ,弹出"部件几何体"对话框,选择叶轮即可;点击"指定毛坯"右侧的 ▣ 按钮,弹出"毛坯几何体"对话框,在类型中选择"几何体",选择之前的旋转实体,点击"确定"按钮,毛坯几何体创建完毕,返回"工件"对话框,点击"确定"按钮即完成 WORKPIECE_1 创建。双击 WORKPIECE_1 下一级的多叶片几何体 ⚙ MULTI_BLADE_GEOM,打开"双叶片几何体"对话框(见图 3 - 220),分别指定轮毂、包覆、叶片、叶根圆角、分流叶片(含分流叶片叶根圆角),并指定叶片总数为 6,完成后点击"确定"按钮(见图 3 - 221~图 3 - 226)。

图 3 - 220　多叶片几何体参数设置

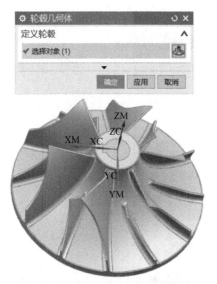

图 3-221　轮毂几何体选择

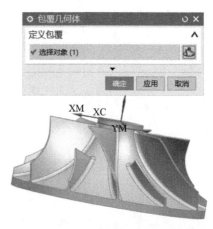

图 3-222　包覆几何体选择

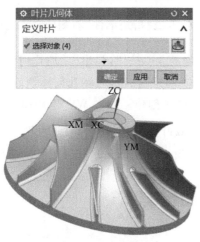

图 3-223　叶片几何体选择

图 3-224　叶根圆角几何体选择

图 3-225　分流叶片几何体选择

图 3-226　分流叶片叶根圆角几何体选择

1. ϕ10 键槽铣刀粗加工及顶部圆台精加工

点击 创建工序 按钮,弹出"创建工序"对话框,按照图 3 - 227(a)所示进行设置和选择,完成后点"确定"按钮即可进入到"型腔铣"对话框(见图 3 - 227(b))。

（a）

（b）

图 3 - 227　创建型腔铣加工工序

设置切削模式为"跟随周边",公共每刀切削深度选择"恒定",最大距离设定为"2 mm"(见图 3 - 228)。

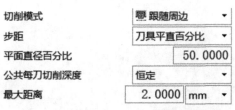

图 3 - 228　型腔铣部分参数设置

点击切削参数 ⌷ 按钮,弹出"切削参数"对话框,在余量选项中只设定部件侧面余量为"0.2"即可。

点击进给率和速度 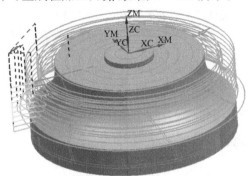 按钮,按照具体情况设置主轴转速和相应的进给速度。

点击生成 按钮,即可生成粗加工刀路,如图 3-229 所示。

图 3-229　叶轮外形粗加工

复制粗加工刀路 CAVITY_MILL 并粘贴。双击打开 CAVITY_MILL_COPY,设定切削模式为 轮廓;点击切削层 按钮,打开"切削层"对话框,删除范围定义中的范围 2 这一切削层,保留范围深度为 1.605728 这一层,完成后点"确定"。

点击切削参数 按钮,打开"切削参数"对话框,在余量选项中设定所有余量均为"0",完成后点"确定"。

点击非切削移动 按钮,弹出"非切削移动"对话框,设定封闭区域进到类型为"与开放区域相同",开放区域进刀类型为"圆弧",完成后点"确定"。

点击进给率和速度 按钮,按照具体情况设置主轴转速和相应的进给速度。

点击生成 按钮,即可生成顶部圆台精加工刀路,如图 3-230 所示。

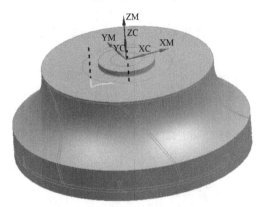

图 3-230　叶轮顶部圆柱面精加工

2.R5 球刀精加工叶片包覆面

点击 创建工序 按钮弹出"创建工序"对话框,按照图 3-231(a)所示进行设置和选择,完成后点"确定"按钮,即可进入到"固定轮廓铣"对话框(见图 3-231(b))。

(a)

(b)

图 3-231 创建固定轮廓铣加工工序

点击指定切削区域 按钮,弹出指定"切削区域"对话框,选择旋转面的曲面部分为切削区域(见图 3-232)。

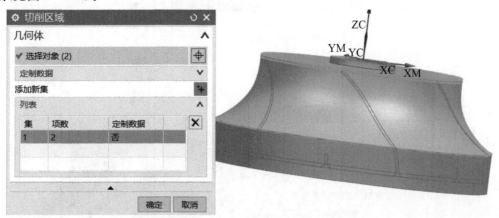

图 3-232 切削区域选择

在驱动方法中选择方法为"流线",弹出"流线驱动方法"对话框,在驱动设置中选择切削模

式为  ；设定步距为"恒定"，最大距离为"0.2"，完成后点"确定"如图3-233所示。

图 3-233　流线驱动方法参数设置

选择投影矢量的矢量为"朝向直线"，弹出朝向直线对话框，设定指定矢量为"ZC轴"，指定点为(0,0,0)，如图 3-234 所示。

（a）

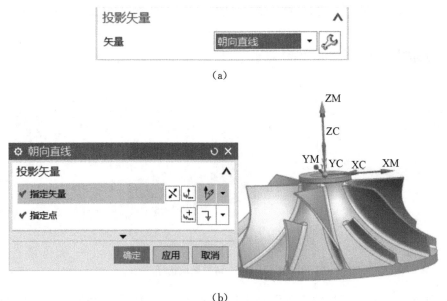

（b）

图 3-234　投影矢量设置

点击进给率和速度 按钮,按照具体情况设置主轴转速和相应的进给速度。

点击生成 按钮,即可生成叶片包覆面精加工刀路,如图 3-235 所示。

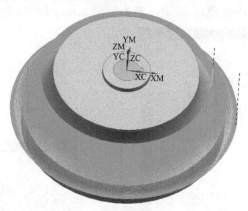

图 3-235　叶片包覆面精加工刀具轨迹

3. φ4 键槽铣刀粗加工叶轮

首先隐藏回转体,只显示叶轮。

点击 创建工序 按钮,弹出"创建工序"对话框,按照图 3-236(a)所示进行设置和选择,完成后点"确定"按钮即可进入到"多叶片粗加工"对话框(见图 3-236(b))。

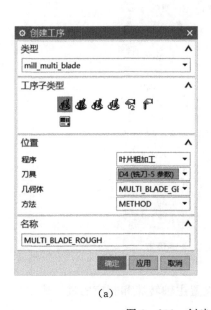

(a)

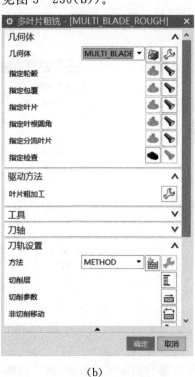

(b)

图 3-236　创建多叶片粗铣加工工序

169

点击驱动方法的叶片粗加工 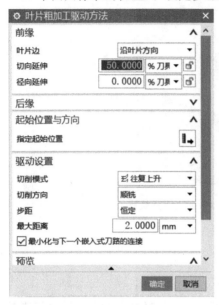 按钮,弹出"叶片粗加工驱动方法"对话框(见图3-237)。

点击指定起始位置 按钮,用鼠标选择两个叶片中间从上向下的箭头方向作为起始起刀位置(图3-238中圆圈标准的位置)。设定步距为恒定2 mm每刀,完成后点击"确定"按钮。

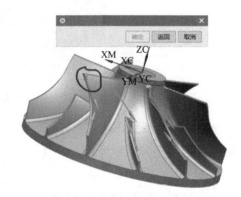

图3-237 多叶片粗加工驱动设置　　　　图3-238 切削起始位置及方向设置

点击切削参数 按钮,在余量选项中设置叶片余量和轮毂余量均为"0.1",完成后点"确定"。

图3-239 叶片加工余量设置

点击进给率和速度 按钮,按照具体情况设置主轴转速和相应的进给速度。

点击生成 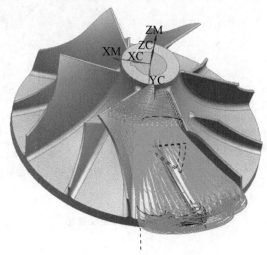 按钮,即可生成叶片粗加工刀路,如图 3-240 所示。

图 3-240 叶片粗加工刀具轨迹

在生成的叶片粗加工刀路上点鼠标右键,依次选择"对象"—"变换",弹出"变换"对话框(见图 3-241、图 3-242)。设置变换类型为"绕直线旋转";选择变换参数的直线方法为 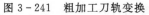,指定点为(0,0,0)、指定矢量为 ZC 方向;设定角度为 60°;结果为"复制",非关联副本数为"5"。

图 3-241 粗加工刀轨变换

图 3-242 绕直线旋转变换刀路

点击"确定"按钮后,就可以得出其余五个叶片间的粗加工刀路(见图 3-243)。

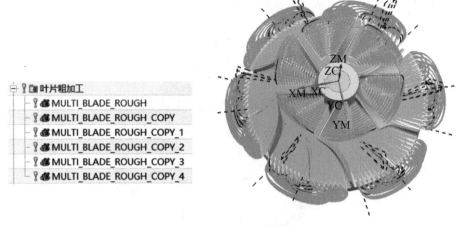

图 3-243　粗加工刀路变换结果

4.R2 球头铣刀精加工叶轮

（1）轮毂精加工。

点击创建工序按钮,弹出"创建工序"对话框,按照图 3-244(a)所示进行设置和选择,完成后点"确定"按钮即可进入到"轮毂精加工"对话框(见图 3-244(b))。

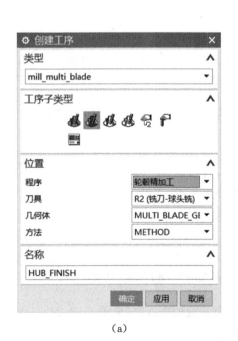

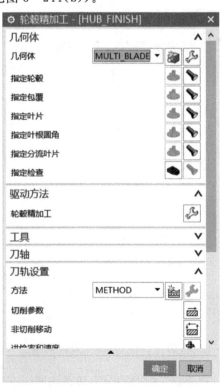

（a）　　　　　　　　　　　　　　（b）

图 3-244　创建轮毂精加工刀具轨迹

点击驱动方法的轮毂精加工 按钮,弹出"轮毂精加工驱动方法"对话框(见图 3–245
(a)),点击指定起始位置 按钮,用鼠标选择左侧叶片从上向下的箭头方向作为起始起刀位
置(图 3–245(b)中圆圈标准的位置)。设定切削模式为往复上升、步距为恒定 0.15 mm 每刀,
完成后点"确定"按钮。

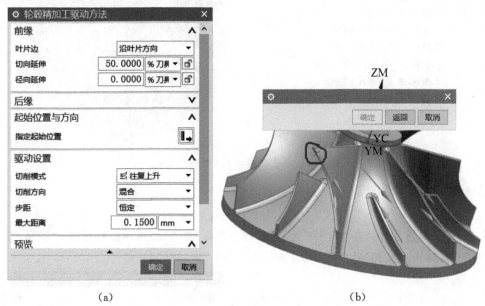

(a)   (b)

图 3–245   轮毂精加工参数设置

点击进给率和速度 按钮,按照具体情况设置主轴转速和相应的进给速度。

点击生成 按钮,即可生成轮毂精加工刀路,如图 3–246 所示。

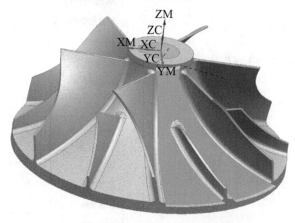

图 3–246   轮毂精加工刀具轨迹

同叶片粗加工刀路变换方法,可生成其余 5 个轮毂精加工刀路。

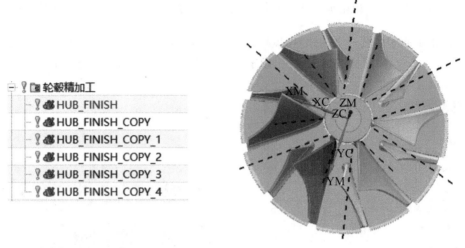

图 3-247 轮毂精加工刀具轨迹变换

(2)叶片及分流叶片精加工。

点击创建工序按钮,弹出"创建工序"对话框,按照图 3-248(a)所示进行设置和选择,完成后点"确定"按钮即可进入到"叶片精加工"对话框(见图 3-248(b))。

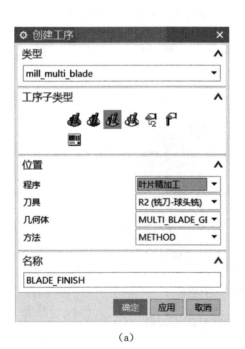

(a)

(b)

图 3-248 创建叶片精铣加工工序

点击驱动方法叶片精加工  按钮,弹出"叶片精加工驱动方法"对话框,设置要切削的面为"所有面",设置切削模式为 螺旋 ,完成后点"确定"(见图3-249)。

图3-249　叶片精加工驱动方法设置　　　图3-250　叶片精加工切削层设置

点击切削层 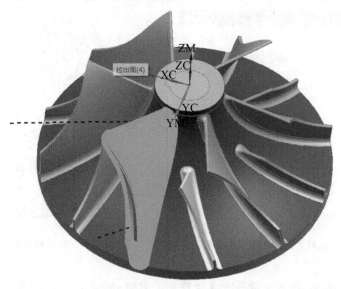 按钮,弹出"切削层"对话框,设置每刀切削深度为恒定0.1 mm,完成后点"确定"(见图3-250)。

点击进给率和速度 按钮,按照具体情况设置主轴转速和相应的进给速度。

点击生成 按钮,即可生成叶片精加工刀路,如图3-251所示。

图3-251　叶片精加工刀具轨迹

同叶片粗加工刀路变换方法,可生成其余5个叶片精加工刀路(见图3-252)。

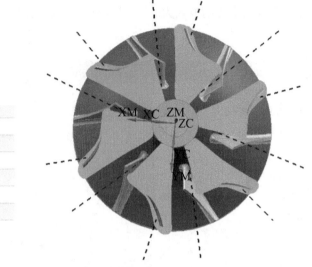

图3-252　叶片精加工刀轨变换

复制叶片精加工刀路 🏆🔧BLADE_FINISH,粘贴在分流叶片精加工 ⊘🔧分流叶片精加工 ⊘🔧BLADE_FINISH_COPY_5程序下。

双击打开复制出的刀路,点击驱动方法叶片精加工🔧按钮,弹出"叶片精加工驱动方法"对话框,设置要精加工的几何体为"分流叶片1",完成后点"确定"(见图3-253)。

点击进给率和速度🔩按钮,按照具体情况设置主轴转速和相应的进给速度。

图3-253　分流叶片精加工驱动方法设置　　图3-254　分流叶片精加工刀具轨迹

点击生成🔨按钮,即可生成分流叶片精加工刀路,如图3-254所示。

同叶片粗加工刀路变换方法,可生成其余5个分流叶片精加工刀路(见图3-255)。

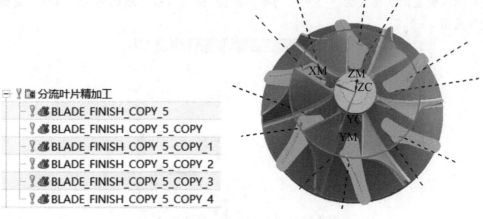

图 3-255　分流叶片精加工刀轨变换

（3）叶根圆角精加工及分流叶片圆角精加工。

点击按钮，弹出"创建工序"对话框，按照图 3-256（a）所示进行设置和选择，完成后点"确定"按钮即可进入到"圆角精铣"对话框（见图 3-256（b））。

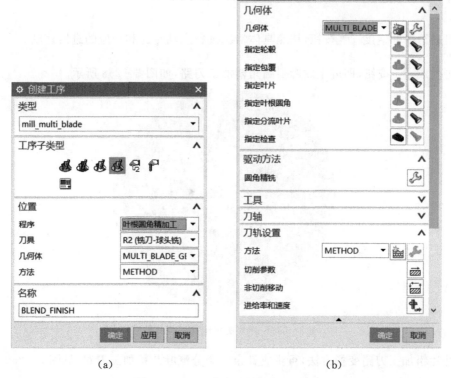

（a）　　　　　　　　　　　　（b）

图 3-256　创建叶根圆角加工工序

点击驱动方法圆角精加工　　　按钮，弹出"圆角精加工驱动方法"对话框，设置要切削的面为"所有面",设置切削模式为  ⊖螺旋、切削步距为"恒定",最大距离为"0.1 mm",完成后点"确定"(见图 3 - 257)。

图 3 - 257　叶根圆角精加工驱动方法设置

点击进给率和速度 按钮,按照具体情况设置主轴转速和相应的进给速度。

点击生成 按钮,即可生成叶根圆角精加工刀路,如图 3 - 258 所示。

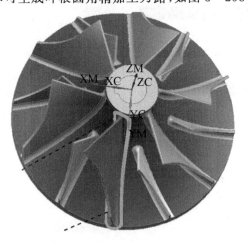

图 3 - 258　叶片圆角精加工刀具轨迹

同叶片粗加工刀路变换方法,可生成其余 5 个分流叶片精加工刀路(见图 3 - 259)。

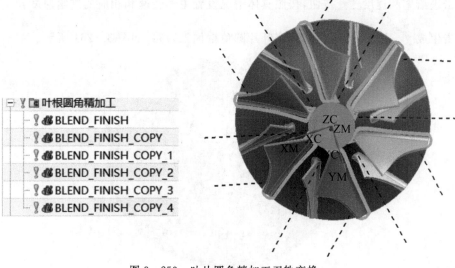

图 3 - 259　叶片圆角精加工刀轨变换

复制叶根圆角精加工刀路 BLADE_FINISH，粘贴在分流叶片圆角精加工
分流叶片圆角精加工
BLEND_FINISH_COPY_5　程序下。

双击打开复制出的刀路，点击驱动方法圆角精加工 按钮，弹出圆角精加工驱动方法对
话框，设置要精加工的几何体为"分流叶片 1 倒圆"，完成后点"确定"，如图 3 - 260 所示。

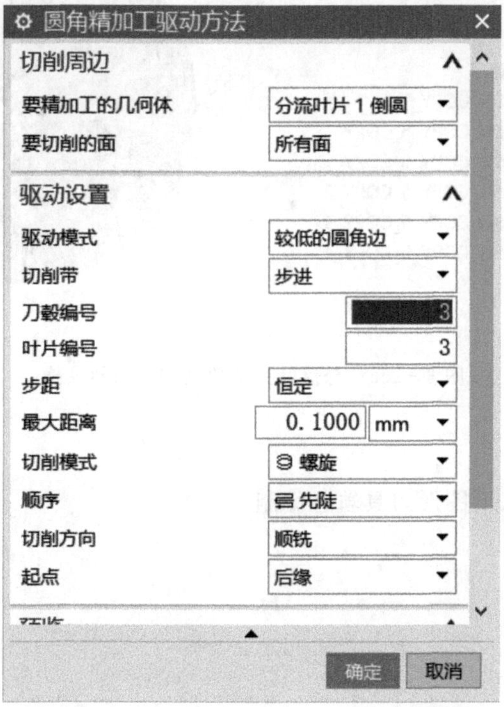

圆角精加工驱动方法 ×

切削周边 ∧

要精加工的几何体　分流叶片 1 倒圆 ▼
要切削的面　所有面 ▼

驱动设置 ∧

驱动模式　较低的圆角边 ▼
切削带　步进 ▼
刀毂编号　3
叶片编号　3
步距　恒定 ▼
最大距离　0.1000 mm ▼
切削模式　螺旋 ▼
顺序　先陡 ▼
切削方向　顺铣 ▼
起点　后缘 ▼

确定　取消

图 3 - 260　分流叶片圆角精加工驱动方法参数设置

点击进给率和速度 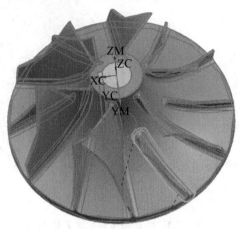 按钮,按照具体情况设置主轴转速和相应的进给速度。

点击生成 按钮,即可生成分流叶片圆角精加工刀路,如图 3-261 所示。

图 3-261　分流叶片圆角精加工刀具轨迹

同叶片粗加工刀路变换方法,可生成其余 5 个分流叶片圆角精加工刀路(见图 3-262)。

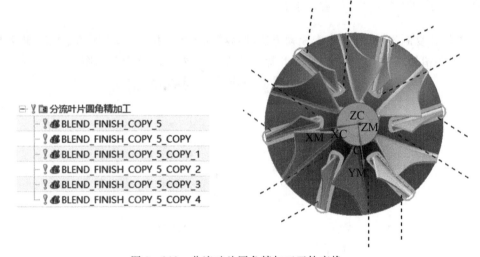

```
□-  分流叶片圆角精加工
   -  BLEND_FINISH_COPY_5
   -  BLEND_FINISH_COPY_5_COPY
   -  BLEND_FINISH_COPY_5_COPY_1
   -  BLEND_FINISH_COPY_5_COPY_2
   -  BLEND_FINISH_COPY_5_COPY_3
   -  BLEND_FINISH_COPY_5_COPY_4
```

图 3-262　分流叶片圆角精加工刀轨变换

【问题与思考】

根据所学知识完成以下图形刀具轨迹编制。

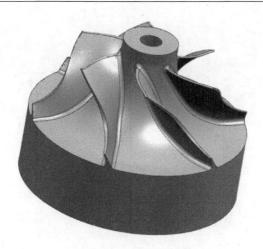

图 3 – 263　加工编程练习